亿万富翁想的和你不一样

穷忙族不知道的理财致富秘诀

〔美〕斯科特·安德森 (Scot Anderson) ◎著　刘祥亚◎译

重庆出版集团　重庆出版社

THINK LIKE A BILLIONAIRE, BECOME A BILLIONAIRE by Scot Anderson
Copyright © 2006 Winword Publishing
Published by arrangement with Winword Publishing, Inc. through Amer-Asia Books, Inc.
Simplified Chinese edition copyright © 2009 by **Grand China Publishing House**
All rights reserved.
No part of this publication may be used or reproduced in any manner whatever without written
permission except in the case of brief quotations embodied in critical articles or reviews.

版贸核渝字(2008)第122号

图书在版编目(CIP)数据

亿万富翁想的和你不一样 / 〔美〕安德森著；刘祥亚译. —重庆：重庆出版社，2009. 9
书名原文：THINK LIKE A BILLIONAIRE, BECOME A BILLIONAIRE
ISBN 978-7-229-00365-4

I. 亿… II. ①安…②刘… III. 商业经营－通俗读物 IV. F716-49
中国版本图书馆CIP数据核字(2008)第201143号

亿万富翁想的和你不一样
YIWAN FUWENG XIANGDE HENI BUYIYANG

〔美〕斯科特·安德森 著

刘祥亚 译

出 版 人：罗小卫
策　　划：中资海派·重庆出版集团图书发行有限公司
执行策划：黄 河 桂 林
责任编辑：熊海群
责任校对：何建云
版式设计：洪 菲
封面设计：陈文凯　王保琳

重庆出版集团
重庆出版社 出版

（重庆长江二路205号）

深圳市彩美印刷有限公司制版　　印刷
重庆出版集团图书发行有限公司　发行
邮购电话：023-68809452
E-MAIL：fxchu@cqph.com
全国新华书店经销

开本：787×1092mm　1/16　印张：12　　字数：144 千
2009年9月第1版　　2010年4月第2次印刷
定价：26.80元

如有印装质量问题，请向本集团图书发行有限公司调换：023-68706683

本书中文简体字版通过Grand China Publishing House（中资出版社）授权重庆出版社在中国大陆
地区出版并独家发行。未经出版者书面许可，本书的任何部分不得以任何方式抄袭、节录或翻印。

版权所有　侵权必究

THINK LIKE A
BILLIONAIRE

US1,000,000,000US1,000,000,000US1,000,000,000US1,000,000,000US1,000,000,000US1,000,000,000US1,000,000,000US1,000,000

BECOME A
BILLIONAIRE

AS A MAN THINKS, SO IS HE

SCOT ANDERSON

What a tremendous honor it is to have my book published in China. I am consistently amazed at what your great nation has been able to accomplish and overcome. China continues to show why it is a country for others to imitate. I believe that your economical future is as strong as any nation in this world. I also believe that it would be very difficult to find a country that is more dedicated to excellence, hard work and personal growth.

I am excited and honored to see my book be a part of this next generation of millionaires, billionaires, and even trillionaires coming out of China. What a great nation you have, full of limitless potential. I believe that my book can show people that anyone can become wealthy. Everyone possesses what it takes for success. All we have to do is change how we think, in order to change what we receive. Success has nothing to do with your social status, with what you have or where you have been, It has to do with how you think. Change your thinking and you will change your future.

Your friend,
Scot Anderson

致中国读者

对于作品能在中国出版我深表荣幸。中国——这个伟大的国家在近几年来发生的翻天覆地的变化一直让我惊叹不已。它的繁荣与发展值得世界各国效仿。我相信在不久的将来，中国的经济将能与世界上任何一个发达国家媲美。我也相信很难找到一个国家如同中国这样努力奋斗，致力于卓越和发展。

我很高兴，也很荣幸我的书能够促进中国未来的百万富翁、亿万富翁，乃至超级富豪的成长。你们生活在一个具有无限潜能的伟大国家，我相信这本书能向你们证明：其实，每个人都可以变得富有，每个人都能够成功。

为了能够改变我们的财富命运，我们必须做的就是改变自己的思维方式。成功与你的社会地位无关，与你拥有什么、在哪拥有无关；唯一与成功有关的就是你的思维方式。改变你的思维方式，便能改变你的未来！

你的朋友
斯科特·安德森

Scot

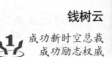

钱树云
成功新时空总裁
成功励志权威

你不可不知的致富秘密

多年来，不断有人询问："世界上那些亿万富翁的成功秘诀是什么？"

答案五花八门，但最重要的秘诀是他们的思考方式。斯科特·安德森在本书中就明确地指出了这一点。在对待金钱、投资、工作、风险、智慧、时间等方面，全世界亿万富翁的思考方式惊人地相似，却又与我们普通人如此的不同。亿万富翁多数时间在考虑如何实现自己的目标。这样思考的结果是他们与一般人的差距逐渐加大，虽然开始的时候他们并没有什么特殊的优势。

这是一本教你如何彻底改变自己财富命运的书，斯科特·安德森通过自身的经历告诉你：亿万富翁想的和你不一样，要想成为有钱人，必须改变自己的思维方式。你或许懂得一些理财方法，或许了解一些股票、房地产方面的知识，但是如果你不懂得亿万富翁的思考方式，即便发了一点小财，也不算真正的有钱人。该书的内容非常详实，处处都是作者从无数亿万富翁那里学到的致富心得，所举的案例也都来自于作者真实的经历。通过一个个生动的故事，作者阐述了这样一个道理：一旦改变思维方式，你的财富命运也会随之改变。这本书能够帮助你换一颗亿万富翁的脑袋，让你拥有富裕而自由的人生。

希望你最好是在浏览该书一至两遍以后，再仔细研读。肯·布兰佳 (Ken Blanchard) 在《知道做到》(*Know Can Do*！) 中强调，"如果想要让这个世界更美好，我们就应将知识化为行动。"的确如此，你真正要做的不只是从书中学习致富的知识，而是能有效地将知识转化为行动。因此，不妨把书中的种种建议当做是针对你个人提出来的，而不是为其他人所写，我相信你将会受益匪浅。

钱树云

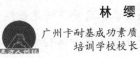

林 缨

广州卡耐基成功素质
培训学校校长

你也能成为强悍无比的"大鲨鱼"

好几年前,我看过管理大师汤姆·彼得斯(Tom Peters)的《重新想象》。当我看到这本书时,"重新想象"这个词便在我的脑海里一闪而过!在激荡的年代里创造卓越的企业尚需"重新想象",那么最宝贵的人生又何尝不是如此?可是,仍有许多人一生碌碌无为。近代的众多心理学研究告诉我们,命运在某种程度上是由你的想法来决定的:心有多大,你的人生舞台就有多大!

我曾经读过一个小故事,有一位游客来到一个鲨鱼馆,发现了一件趣事:根据鲨鱼的形状,老板把鲨鱼分别安置在大小不同的鱼缸里。游客就随口问道:"把这些鲨鱼分类一定很麻烦吧?"老板听了笑着说:"这鱼缸里的鲨鱼都是来自同一批鱼苗,因为当时没有足够的鱼缸,所以就分别放在3个大小不同的鱼缸里。我们用同样的饲料喂养它们,但这还没过1年呢,不同鱼缸里的鲨鱼就长得不一样了。"

我们人类又何尝不是在不同大小的鱼缸里生长的鲨鱼？生存空间的大小局限了自己的成长，但我们的生存空间难道仅是物理空间吗？在我看来，更重要的是我们的想象空间。

传统的教育文化都认为老师和家长就是权威，他们犹如许多小小的鱼缸，阻碍了孩子的成长。随着孩子长大成人，想象空间也越来越小，但也有一小部分人先知先觉，从"重新想象"中获得甜头，从而彻底改变了自己的生活。我所在的学校曾有位学员，工作能力非常强，但他的职业生涯一直都很坎坷，我对他做了诊断分析，发现根本的原因在于他的心态：不管他做什么事，总想着"这好难，我不可能做到"。可一旦受到鼓励，努力去做的话，他总能做成。现在他多了许多积极正面的想象，改变后的他半年的业绩就可以抵上之前5年的总和。

所以在我看来，这本书的重要价值就是在我们面前展现了一片浩瀚无边的美丽海洋。只要我们敢想敢做，一定能成长为强悍无比的"大鲨鱼"！

最后，想与大家一起分享广州卡耐基学校的校训：**学习的最终目的，不是知识，而是行动！如果想真正地变成"大鲨鱼"，那么请从本书开始重新想象——落实！**

献 词

谨以此书献给我的妻子，如果没有你，我就不可能成为今天的我。

我所取得的一切都要归功于你，以及你无条件的爱。

你是我一生中最宝贵的财富。

你不仅是我最好的朋友，而且是上帝赐给我的最棒的礼物。

我爱你，并将永远爱你！

C 目 录
CONTENTS

第一部分　亿万富翁与众不同的思考方式

第1章　另眼看金钱　31

行动计划：改变你的金钱观

金钱究竟是善还是恶？
安德森为什么对好莱坞举行盛大的募捐音乐会表示不屑？

第2章　追逐"理解"的智慧　35

行动计划：学会理解致富的途径

参加了婚姻培训班，可为什么婚姻依旧没有任何改善？
安德森在法国待了7天，为什么顿顿都只吃意大利面？

第3章　抛弃"小富即安"的心态　43

行动计划：树立远大的目标

12岁的安德森是如何买到盼望已久的游戏机的？
世界高尔夫球头号选手泰格·伍兹如何攀上事业的巅峰？
负债累累的女人又是怎样还清所有债务的？

第二部分　思维吸金才是王道

一个改变让你成为有钱人

在采访过无数百万富翁，阅读了 20 多本关于如何成为百万富翁的书，收听了 400 多个小时关于如何致富的 CD 之后，我终于发现了一个秘密。这个秘密在 1 年之内使我的净资产从 25 万美元增加到 300 万美元，彻底改变了我的人生。除了资产增加了 12 倍之外，我目前还有一个 1 500 万美元的项目正在进行。如果继续这种速度，我完全可以在今后 5 年～10 年中成为一名亿万富翁。

有趣的是，这一切只需要我在一件事情上做出改变。这也正是我将在本书中谈到的内容。如果你把在本书中学到的知识应用于实际，你的生活同样也将在 1 年之内实现质的飞跃。只要你能做到这件事情，你也可以踏上成为亿万富翁的道路。

这件事情极其简单，但在我前 37 年的生活中，我却始终与其擦肩而过；这件事情极其容易，但我们却总是逃避它。我必须改变自己的思维方式。一旦改变自己的思维方式，我就会改变自己的行为方式，这反过来又会改变我所得到的结果。这件事情极其简单，但我却整整用了 37 年才找到它，并真正将它付诸实践。

俗话说："思路决定出路。"一旦我开始真正像一位亿万富翁那样思考，我必然会享受到亿万富翁的生活。你今天所处的位置，完全是你昨日思考的结果；而你明天所能到达的位置，也正是你今天思考的总和。如果你能够像世界上 5% 的富人那样思考，过了一段时间之后，你就会成为那 5%。而如果你一直像那 95% 的穷人那样思考，你就只能是庸碌之辈。你将继续过着平庸的生活——攒点钱退休，可能会有一辆不错的汽车，你还可以靠退休金和社保了此残生。但如果你能开始像亿万富翁那样思考，你的生活从此就会发生彻底的变化。

在经过大量的采访、阅读、收听 CD 之后，我剔除了所有愚蠢可笑的"快速致富秘诀"；在对所有有用的信息进行提炼总结之后，我发现富人之所以能成为富人，关键就在于他们的思考方式。

即便你抢走地产大亨唐纳德·特朗普的一切，只要给他一点时间，他又会恢复到今日的身价，原因就在于他的思考方式。可以说，正是特朗普的思路决定了他的出路。

总的来说，在以下 7 件事情上，亿万富翁会有和普通人不同的思考，那就是：金钱、投资、工作、风险、知识、时间和困难。

金　钱

亿万富翁对金钱的作用有着不同的思考。我们通常会把金钱当做购物的工具，而亿万富翁则把金钱当做一种投资工具。我们需要更多的钱来买更大的房子、更漂亮的汽车、更大的电视，而亿万富翁则会想着如何让钱生钱。一旦赚了钱，他们就只会用其中的一小部分来改善自己的生活，而用一大部分来投资，以便为自己获得更大的回报。一般人则相反，只用一小部分进行投资，以便继续维持自己的生活。

只要手头一有富余，我们就会想方设法把它花掉；而富人则会立刻想该如何投资。只要升职加薪，我们就会给自己买辆更漂亮的汽车，因为现在我们完全可以承担更多的月供了，也可能会立刻去买一台大屏幕彩电，并在接下来的 5 年时间里为它分期付款；而富人则会说"我可以继续开现在的汽车，看现在的电视，要是能把这笔钱进行投资，我就可以把每月省下来的 250 美元变成数百万美元。然后，我就可以买那些东西了"。我们是因为缺少东西才去购买，富人则是因为富足才去购买。

　　我们今天消费，以至于在未来不得不付出更大的代价；富人今天投资，以便让自己在未来能够买得更多。

投　资

　　我们之所以投资，是为了能够安心地退休；富人投资的目的，是为了让自己更加富足。我们会选择投资 401（K）s（指企业为员工设立专门的养老金账户。——译者注）或者股票。我们对投资一窍不通，所以很难获得令人满意的收益。

　　富人则会把投资看成是一件极其重要的事情，所以他们会经常阅读、研究、学习各种关于投资的知识。每次打开雅虎首页时，我们可能只是稍微浏览一下股票版，简略地读上一两篇相关报道；但富人们却会投入相当一部分时间去学习如何成为成功的投资者。我们只是抽出一小部分时间去了解富人是如何投资的，而且每次读到这样的文章之后，我们都会问自己："我怎么从来没遇到过这样的好事呢？那家伙可真是太幸运了！"不，并不是因为他幸运，而是因为他早已做好了准备。幸运总是青睐那些有准备的人。他想的和我们不一样，而正是这种不一样的思维方式让他变得如此幸运。

对我们来说，投资并不是最重要的。因为并没有把它放在心上，所以我们不会有太多资金用来投资，甚至不会想到要留出一笔钱来投资。一旦有了钱，我们就会想着买些衣服，去旅游度假，添置电视机，参加高尔夫俱乐部等，但富人却会专门拨出一部分资金用于投资。

我们把投资当做一种可以让自己退休后颐养天年的方式，而富人则把投资当做致富的不二法门。

工 作

我们会认为，只要能够得到一份更好的工作，自己就会变得有钱。可有趣的是，即便特朗普失去了所有的钱财，我敢保证，他最先去做的也一定不是去找一份好工作——他要寻找的，是一个好的投资机会。

"啊，要是我能有一份好工作该有多好啊！要是能够得到这次升迁机会，我就会变成有钱人。"

虽然这样的确可以让你赚到更多钱，但你却并不会变得富有。我认识很多人，他们的年薪虽然都能达到 6 位数，可即便是出售全部家产，他们的积蓄也不会超过几十万美元。没错，这些人的确有大房子，有气派的汽车，还有很多花里胡哨的玩意儿，可他们并不富有。我曾经亲眼见过年薪 20 万的家伙在失去工作之后变得一无所有。那些每年收入数百万美元的体育明星们，一旦退役，很可能就会陷入破产的境地。我曾经听说过有 75% 的 NFL（全美橄榄球联盟）球员们在退役之后宣布破产。

富人工作是为了赚钱投资，我们工作则是为了赚钱购物。想想看，跟 10 年前相比，你现在每年的收入可能增加了 2 万 ~ 3 万美元。赚的那些钱都去哪儿了？你去年工资涨了 5 000 美元，钱去哪儿了？买了一台更大的电视、游艇，还是汽车？说不定连你自己都不清楚。10 年前，每到月底付完所有账单之后，你都会剩下 37 美元。可如今呢，收入接近当时的 2 倍，但你每月剩下的钱还是 37 美元。除非你改变自己的思考方式，否则哪怕再过 10 年，你每月的盈余还是 37 美元。

对于富人们来说，工作一方面可以让他们维持现有的生活水平，同时赚来的钱可以使他们尽可能多地进行投资——他们会通过投资，而非工作，让自己变得富有。

我们必须开始把金钱当做种子，耐心地播种会让你收获更多。看看你的周围，真正赚到钱的都是哪些人？答案一定是那些懂得播种金钱，而不是挥霍金钱的人。大多数人总是担心失去金钱而害怕投资，正是由于这种思考问题的方式，才使我们永远不可能得到自己想要的富足。

风　险

我们之所以不愿意冒险，是因为害怕失败。我们会问自己，如果这个想法行不通怎么办？而在富人们看来，不敢去承担风险本身就是一种失败。

我们会问："如果生意出问题了怎么办？我会一贫如洗的。"而富人们则会想："如果不抓住这次机会，我可能就会失败得一塌糊涂。"

真正富有的人都是敢于承担风险的人，我们必须挺起胸来，学会承担一些风险。难道说敢于承担风险的人就一定不会失败吗？绝对不是。富人们失败的次数远比你我多得多，所以他们才会成为富人。

畅销书《富爸爸，穷爸爸》的作者罗伯特·清崎指出，10 家企业当中，有 9 家都是失败的。听到这个，相信大多数人都会觉得这种胜算的概率的确不利于自己，所以千万不能创业。我们会告诉自己："我们失败的概率是 90%。"而富人们则会说："这下可好了，只要连续创办 10 家公司，我最终就一定会成功。"

哪怕失败 9 次也没关系，因为只要第 10 次成功了，你就会赚到千万美元。很少有人的失败次数能够比唐纳德·特朗普还多，但特朗普远不是一名失败者。

就在去年开始接手一个百万美元的大项目的时候，我感觉自己是在冒一个极大的风险。1 年之后，我手头进行的项目金额高达 1 300 万美元。

为什么会有这种变化呢？因为我开始像一名亿万富翁那样思考了。我以前经常告诉自己："我无法承受那么大的风险。"可如今呢？我会告诉自己："我不能不去冒这个险。"

记得在去年项目开始几个月之后，我的一位非常聪明的合伙人，同时，也是我在财务方面的导师，告诉我："我们应多买一些。"

"哇！"我回答道，"够了，我们手里已经有 300 万美元了，这就足够了！"

可他说道："摆在我们眼前的，是一扇机遇之窗。生活就是这样，机遇之窗并非总是在向你敞开，机会总是会稍纵即逝。如果不抓住这次机会，我们很快就会失去它。"

现在回想起来，如果去年没能及时把握机会，我就会错过那次能让自己赚得盆满钵满的不动产投资机会了。要是那样的话，我会只持有一项投资项目。当然，那样也可以赚些钱，但远远比不上这次风险获得的回报。

知　识

让我吃惊的是，富人们看待图书、磁带和 CD 的方式竟然会和我们如此不同。普通美国人每年会读一本书，当然，爱情小说或《人物》

杂志(*People*)之类的读物除外,我所说的是那些励志或自我提高的读物。

富人们平均每周阅读两本书。我记得自己在某个地方读到过,唐纳德·特朗普平均每周会读两本书,结果他赚到了亿万身家。

富人们非常清楚:知识是一把通往财富的钥匙。所以,他们总是会迫不及待地想要从房地产到股票在内的各种投资领域获取更多的相关信息。富人们开车时不会把时间浪费在那些无聊的广播节目上,他们会说:"那样太浪费时间了,每天1小时,一个月就25小时,一年就300小时,一辈子就要浪费我15 000个小时(相当于浪费了我2年时间)。与其这样浪费,还不如把这些时间用来收听一些对我有用的磁带和CD。"广播节目对他们毫无意义,但这些磁带和CD却会带给他们知识,改变他们的思考方式,进而改变他们的生活。

时　间

富人们看待时间的方式和我们截然不同。我们浪费时间,任由他人偷走我们的时间;而对于富人们来说,时间是他们最宝贵的资产。

我们把金钱看成自己最宝贵的东西;而富人们则说:"我总是可以赚到更多钱,却无法赚到更多时间。"

对于富人们来说,时间是一种永远无法取代的资源。在他们所拥有的所有资源当中,只有时间资源是有限的。只要能够换来时间,他们甚至愿意付出一切。

你可以偷走他们的钱,"没关系,我还可以再赚。"

你可以偷走他们的资产,"没关系,我还可以去买。"

但富人们绝对不会容许你偷走他们的时间,因为时间是一种永远无法取代的东西。

我们总是在纵容别人偷走我们的时间。我们自己也会做一些浪费时间的事情。我并不是说度假，或者是在个人爱好方面投入的时间，这些都是一些能让你放松的事情。看场球赛，放松一下自己，这并没有什么不对的。但另一方面，许多人也会做一些对自己的生活毫无意义的事情。他们感觉自己有的是时间，所以就毫不吝惜地大把浪费甚至是挥霍时间。

可如前所述，对于富人们来说，时间是他们最宝贵的资产。他们会坚决拒绝那些只会浪费时间的东西或人，会立刻停止那些只会浪费自己时间的活动。

举个我们经常遇到的例子。想想看，你是否经常听到有人在议论："瞧那个家伙，他专门请了园丁修草坪，让佣人打扫房间，多浪费啊！我要是有那么多钱，就绝对不会这么挥霍，我会把钱捐给那些穷人。"你之所以还没有赚到那么多钱，罪魁祸首就是你的这种思维方式。

富人们则会说："只要能把修草坪的时间省下来，我就可以赚到成千上万美元。要是再能把每天打扫房间的时间省下来，我这一生就可以多赚数百万美元。我还可以多照顾一下自己的生意，去做更多的投资，让自己取得更大的成功。"

我们会浪费 20 个小时，在家得宝（The Home Depot，成立于 1978 年，全球最大的家具建材零售商，美国第二大零售商。——译者注）花上 500 美元买材料来亲自粉刷自家的房子，结果发现自己的粉刷充其量只能达到业余水平。可如果我们愿意花上 1 000 美元请来专业人士完成这些工作，并将节省下来的时间进行投资的话，我们的人生就会向前更进一步。

我们只是"混时间"，而富人则截然不同。那 20 个小时对我来说也很重要。要是能用 500 美元买来 20 个小时的话，那将是我人生中最划算的交易了。

我以前每星期都会自己打扫家里的游泳池，每月还会花掉 30 美元左右购买清洁剂；现在我每月花 70 美元请人来帮我打扫，这样我每月只要花 40 美元就可以买来 5 个小时。我以前每个星期都会花 2 个小时来修草坪，可如今我每月花 150 美元请人来完成这项工作。就这样，我每月只用 150 美元就可以买到 8 个小时。我可以用这些时间来做研究，改进我的投资方案。去年，我最大的投资就是我在时间上所做的投资。

　　是我们彻底改变自己的思维方式的时候了！只要用 1 年的时间，只要能够像一名亿万富翁那样思考，我们就可以开始改变自己生活中的一切，财富自然就会聚集到我们的周围——就好像特朗普一样。

财富测试 1

为什么你很难成为有钱人

假设你进了一家古董店，里面有 4 件物品你都很喜欢，可是碍于经济能力，你只能先买一种，你会选择下列哪一种？

A. 古　书　　　　B. 油　灯

C. 烛　台　　　　D. 挂　钟

A. 你认为金钱的重要性胜过一切，绝不轻易奢侈浪费，只想一味节省，所以常常买一些便宜货而招来不必要的损失。也由于一毛不拔的金钱观使你错失了许多朋友。

B. 你是个没有什么金钱观的人，只有在需要用钱时，你才偶尔感觉到钱的重要。你会或多或少存点钱，但 3 分钟热度过后马上就放弃。如果你还有钱，还是交由父母管理比较妥当。

C. 你认为"钱是要花的，而不是要存的"，对于所想要的东西，你一定会非买不可而不会考虑金额的高低。如果不节制，养成大手大脚的习惯，将来想要收敛就很难。

D. 你是位很有经济头脑的人，很有金钱观念，每分钱你都会花在最有用的地方。你的理财能力很强，既不会过于吝啬，又懂得花钱的艺术，是个能够享受人生的聪明人。

财富测试 2

什么样的特质能使你财运亨通

在以下的物品中，你最想要的是哪一个呢?

A. 手 表　　　B. 衣 服

C. 围 巾　　　D. 相 册

A. 你做事执著，生活讲究规律，能够抵御外界的诱惑，有很好的自制力，你的这些特质将使你财运亨通。

B. 你非常注重生活中的安全感，希望有一份稳定的工作作为生活保障，你的财运更多的取决于你的职场表现。

C. 你喜欢幻想，缺乏脚踏实地的实干精神，如果不能务实专注地做事，你的财运会很一般。

D. 你具有很好的艺术天赋，如果有机会从事表演、绘画等相关工作，你的财运将不可限量。

你将来会是哪类富人

假如有一天，你回家后推开门，你养的那只狗会有什么反应?

A. 用脚掌挠痒痒   B. 偷偷地躲起来

C. 欢快地摇尾巴   D. 大跳霹雳舞

A. 你是"优质败家型"的富翁，懂得享受生活，花钱宠爱自己。这类型的人常常以自我为中心，会认为自己的钱花在自己身上，对自己好才有意义，否则钱只是个数字而已。

B. 你是"勤俭抠门型"的富翁，吃苦耐劳、凡事精打细算。这类型的人吃苦当成吃补，他的内心深处有传统的美德，把自己照顾好之后开始经营，不会浪费任何一分钱。

C. 你是"热心助人型"的富翁，会热心助人。这类型的人付出的时候，会感觉自己内心的收获更富足。

D. 你是"比尔·盖茨型"的富翁，享受工作，常常成为话题人物。这类型的人认为不管是在工作上的成就，还是在心灵方面的成长，都应该拿出来帮助人类进步。

第一部分

亿万富翁与众不同的思考方式

THINK LIKE A
BILLIONAIRE

BECOME A
BILLIONAIRE

第 **1** 章

另眼看金钱

US1,000,000,000US1,000,000,000US1,000,000,000US1,000,000,000US1,000,000,000US1,000,000,000US1,000,000,000US1,000,0

THINKING DIFFERENTLY ABOUT MONEY

行动计划：改变你的金钱观

金钱究竟是善还是恶？

安德森为什么对好莱坞举行盛大的募捐音乐会表示不屑？

首先让我们改变对待金钱的态度。我知道，很多人都可以搬出大段的理由证明我们为什么应该安贫乐道。但让我来问你几个问题：有哪位父亲不希望自己的孩子能过上富足的生活？哪位父亲不希望自己的孩子能够一生衣食无忧？哪位父亲不希望自己的孩子能够取得成功？要想彻底改变对待金钱的态度，我们首先就应当弄清楚这些问题。

或许你的确曾经接触过一些人，他们发了大财，结果反而葬送了自己的人生，所以你相信是金钱让他们受到了诅咒。如果按照这种思路的话，我也认识一些婚姻不幸的人，难道我们说是婚姻让他们受到了诅咒吗？我还认识一些去过教堂之后蒙受灾难的人，难道说是教堂毁掉了他们的生活吗？

金钱并没有道德感。它无善恶之分，既不能行善或行恶，也不会让人变善或变恶。真正让金钱变善或变恶的，是我们使用金钱的方式。一句话，金钱是善还是恶，取决于你如何利用它。

垒球拍是善还是恶？毫无疑问，如果你拿着球拍，带孩子出去玩上一会儿，那它就是善的。可如果你在一时暴怒之下用球拍砸瘪了邻居的汽车，那它无疑就是恶的。100美元是善还是恶呢？如果你用这笔钱带家人一起出去度过了一个美好的夜晚，它无疑就是善的。可如果你用这笔钱去找了一个妓女，这笔钱显然就是恶的。还是那句话，**金钱本身并无善恶之分，关键是你如何使用它。**

记得曾经读过一篇报道，说比尔·盖茨几年前曾经捐出了 10 亿美元用于医学研究。这笔钱是善还是恶的呢？他把这笔钱用在了善事上，所以这笔钱应该是善的。设想一下，如果把比尔·盖茨的 600 亿美元给你的话，你会用它来做什么？资助全美国的所有教堂？为这个世界上的每个人都提供一本《圣经》？如果是那样的话，这笔钱就是善的，因为你是在用这笔钱做自己应该做的事情：改变这个世界。

世人往往不知道该如何使用金钱。他们把很多钱浪费在毒品、酒精以及很多其他东西上，希望这些东西能够给自己带来安宁和幸福。西方有句名言："如果一个人失去灵魂的话，就算得到了整个世界又能怎样呢？"如果为了金钱出卖灵魂，你就失去了感受幸福的能力。

每次看到好莱坞举行盛大的音乐会为艾滋病人或者其他慈善事业筹款时，我总是会感到好笑。他们可能会召集上百位音乐家（这只是为了塑造一个积极的形象罢了），举行一场盛大的音乐会，结果却只筹集到 30 万美元。每次看到这种事情时，我总会想："那个

> 要想变成有钱人，就要真心爱钱，就要时刻想着钱。

家伙去年赚了 1 500 万美元，他只要拿出 150 万美元，就等于这笔捐款的 5 倍，而且也不需要大动干戈地举办这场愚蠢的演唱会。我们并不需要听你大谈自己到底有多关心这些病人，如果你真的关心他们，你完全可以捐出更多的善款。"设想一下，到底有多少艺术家、多少明星、多少制片人参加了这样的活动，他们的总身价一定会超过 300 亿美元。他们完全可以资助大量的医学研究，可这些人根本不知道该如何支配自己手中的金钱。

改变你的金钱观

你是否赞成以下的说法：

1. 金钱不重要

2. 金钱是万恶之源

3. 有钱人大多不幸福

4. 贫困时期应该节俭

5. 金钱会让人变得贪婪

6. 金钱会使人沉溺于恶习

7. 一个人不能兼具财富和美好的心灵

如果你赞成上面任何一个说法，那么你一定不是有钱人！现在开始，如果想成为有钱人，请在脑海中彻底清除上述说法，学会像亿万富翁那样思考：

1. 金钱很重要

2. 金钱不是万恶之源

3. 金钱可以带来快乐

4. 贫困时期应该多赚钱

5. 不是金钱而是内心的欲望让人变得贪婪

6. 不是金钱而是性格让人沉溺于恶习

7. 真正的有钱人往往兼具财富与美好的心灵

记住：金钱既非罪恶，也非诅咒，而是上帝赐予的礼物。

——犹太谚语

第 **2** 章

追逐"理解"的智慧

SEEKING WISDOM

行动计划：学会理解致富的途径

参加了婚姻培训班，可为什么婚姻依旧没有任何改善？
安德森在法国待了 7 天，为什么顿顿都只吃意大利面？

需要提醒你注意的是你将要翻开的这一章可能是本书当中最为重要的一章。如果没有读懂这一章，本书可能对你也没有多大用处了。所以你需要反复阅读本章，无论读多少遍都不为过。我在这一章当中阐述的内容已经改变了我的人生，希望它也能改变你的。

在每个人的内心最深处，我们到底渴望什么？芸芸众生到底想要什么？无论你在哪里，你可能在纽约，在埃塞俄比亚……你可能在世界上任何一个地方。在我们的内心最深处，我们都想得到同一样东西：每个人都需要平静、快乐，以及一种成就感。我们希望能够健康长寿，能够手头丰裕。

我们每个人都需要金钱，可那些只知道一味追逐金钱的人却往往与金钱擦肩而过。**你真正应该追逐的是"理解"的智慧，一旦拥有了这样的智慧，金钱便会滚滚而来。**

一位西方智者曾经反复告诫那些来向自己求救的人："要学会倾听，用心理解。"每次说完一个寓言之后，他都会说道："我希望你们能够听清楚我讲的故事，但更重要的是，我希望你们能听懂。"

理解是我在这一章里真正要讲的东西，听清楚很重要，但理解却更加重要。仅仅是听清楚一句话并不会改变任何东西，只有真正的理解才会为你的生活指明方向，并让你采取切实的行动。

仔细想想，相信大家都不止一次地听过"如何致富"的演讲，但你又能真正理解多少呢？我是怎么知道这一点的？因为在听完这些演讲之后，我的生活并没有发生任何变化。

只有在真正理解一件事情之后，你才会采取实际行动。而一旦你理解了某件事情，它就会改变你的生活。举个例子：

> 一位男士去参加了婚姻培训班，演讲者谈了很多关于如何与妻子相处的问题，但这位男士却根本没有听懂。如果他真正理解了自己听到的东西，他就会把妻子当成自己生命中最珍贵的东西，会带她出去，学习如何跟她沟通，送给她鲜花，并真正无条件地去爱她。可事实上呢？每天回家之后，他的做法还是跟以前一样，没有任何改变，却还一味地困惑自己的婚姻为什么还是老样子。

这就是一个"听清楚但没听懂"的典型案例。

而一旦做到真正理解之后，你就会发现，自己面前原来有着无数的机遇。我希望每个读到这本书的人都能明白，生活中的富足其实无处不在。股市上有那么多股票，只要你能真正读懂它们，每一只都可能是你的投资机会。这个世界上有那么多需求，每一个需求都是你创业的机会。

多年以来，我们一直在努力地工作，希望能够让自己变得富有。可正像你所看到的那样，我们并没有真正理解致富的途径。一旦真正理解怎样才能获取财富，我们就如同向机遇之湖撒开了一张巨网，获取财富自然也就易如反掌。

　　问一下自己，你在房地产上做了哪些投资？你是否可以告诉自己的朋友："多年以前，我买下这块土地的时候，价格只有XXX。可你看看今天，它的市价已经飙升到当初的10倍了。我早就知道，这笔投资一定是划算的。"

　　为什么你没能这么做呢？因为你并没有真正理解投资的机会。我相信，每个正在读这本书的人都遇到过这种问题。或许很多年以前就有人告诉过你投资房地产的诀窍，但你当时并没有真正理解对方的告诫。而正是由于缺乏真正的理解，所以你才错过了这些投资机会。

　　记得有一次，我去欧洲参加一场盛大的会议。毫无疑问，所有的法国人说的都是法语。但我的法语并不好，只会说"法国炸薯条"、"法式面条"、"法式接吻"等几个简单的词。所以我在法国的活动受到了很大的限制。

　　在法国的时候，我们去过的所有餐厅都只提供法语菜单，而他们服务员的英语水平也不比我的法语水平高到哪儿去。

　　就这样，在法国待了7天，我实在受不了每次都吃意大利面条了，我想点一份法式奶油面包。可问题是，我在那份菜单上只能看懂意大利面条。虽然已经有些无法忍受了，但我还是不敢冒险，生怕点到一份自己不喜欢吃的东西。于是我只好再次点了一份意大利面条。

　　很明显，菜单上有很多让我大快朵颐的美食，可由于我根本不懂法语，所以我只能吃意大利面条。我无法用手头的钱买到自己最喜欢的东西，虽然服务员不停地向我推荐了餐厅很多的特色菜，可由于她说的都是法语，我根本听不懂。

生活就像一份菜单，它原本为我们提供了我们需要的所有东西，**我们每个人也都有机会过上富足的生活，但由于没能彻底理解自己身边的机遇，所以我们只好继续吃着意大利面条，继续维持原有的生活水平。**虽然很多人都对这种日子厌倦透顶，但他们不敢冒险尝试其他的东西，因为他们担心自己很可能会点到一份自己不喜欢的食物。

但假如说我开始学习法语了，结果又会怎样呢？这样我就会为自己打开一个全新的世界，至少我可以在这家餐厅吃到我最想吃的食物。同样的道理，一旦我们开始学习亿万富翁的语言，一旦我们能够真正理解亿万富翁的用语，我们就会开始得到他们已经得到的东西。

我想再重复一遍——因为这实在重要：

你的大脑总是会把那些自己没有真正理解的东西拒之门外。

在法国期间，我错过了成百上千次有趣的对话。我当时只能听懂一名美国人在讲什么，所以每次走近他身边的时候，我都会用心去听——希望能偷听到某个卖汉堡的地方。

记得有一天，我突然尿急，我的膀胱告诉我，"立刻找个地方解决一下，否则它就要自行解决了。"我开始四处寻找卫生间。我问了一些人，可对方说的是法语，我根本不知道他们在说什么，于是我只好接着找。当时，我的大脑把路人告诉我的信息全部拒之门外。

你的大脑同样会拒绝那些你并不理解的信息。你的身边经常会有各种各样的投资信息，但你总是置若罔闻。可相比之下，亿万富翁却已经学会了听懂机会的敲门声，所以他们总是可以一次又一次轻松地赚到钱。

10 年前，你知道自己应该买下那块土地。7 年之前，你告诉自己："看看，它的价格已经涨了多少啊！我应该在 3 年之前把它买下来。"5 年之前，你望着同样一块土地，告诉自己："看看，这块土地又升值了。要是两年前我能买下它该有多好啊！"时至今日，再次来到这块土地上的时候，你还是再重复同样的话："5 年前我就该把它买下来。"

这时你已经真正理解了眼前的投资机会，于是你告诉自己："要是我今天买下来的话，相信再过 2 年，我就不会再这样后悔了。"

到目前为止，你脑子里蹦出过多少个创业点子了？"哎呀，我早就想到那个了！要是当初动手，我现在已经是名百万富翁了。"你之所以还没成百万富翁，就是因为你没有真正理解百万富翁的语言，所以你一直都没有采取行动。

虽然身边一直有人在告诉你很多机会，但除非你能听懂他们的语言，并真正理解它们，否则你就永远不可能抓住机会，变得富有。

上个世纪 80 年代，我的一位同事告诉我："赶快买微软的股票。"

我回答说："我现在每小时只能赚 3.35 美元。"

他告诉我："自己想办法，赶紧买。"

我当时并没有把他的建议放在心上。要是我当时每周能抽出 10 美元或 20 美元去买微软的股票，那我如今已经腰缠万贯了。朋友告诉了我这个机会，可我却并没有真正理解这个机会的重要性。

看看你身边的富人，你知道他们的钱大部分都是通过投资房地产赚回来的，"上帝，这些家伙真是太幸运了。"可事实并非如此——你只是看到了他们的收获，却没有看到他们在办公室里奋战的情景。

正像我前面说过的那样，为了寻找成为亿万富翁的秘密，我读了无数本书，听了无数的 CD。只有在付出所有努力之后，我才突然领悟到亿万富翁和我们的想法有多么不同。

我至今还记得自己第一次买下一块不动产时的情形。看到这块地皮的时候，我突然想起这竟然是自己几年前看上的那块地皮。

我向经纪人询问它的价格，经纪人告诉我是 22.5 万美元。我说道："你是说美元，是吧？ 2 年之前我差点用 10 万美元把它买下来。"然后我告诉对方："我的答复是不，谢谢。"

可就在要上车时，突然之间，我所学到的那些东西发生了作用。我开始领悟到亿万富翁的思维方式了。

于是我不再想着自己遭受了多少损失，相反，我开始关心能够得到什么。要是我今天买下它的话，明年它会值多少钱呢？于是我告诉对方："行，我买下了。"2 个月之后，这块地皮的价格飙升到 30 万美元。就这样，我一步步取得了今天的成就。

这就好像我学习法语一样。我必须听磁带，读书，反复学习。就这样坚持了很长时间之后，我才感觉自己突然之间开始懂得法语了。

亿万富翁所使用的语言也是一般人所不理解的，所以我们会不断地排斥它。每次在机遇之湖泛舟时，我们都会收起自己的鱼竿，空手回家。我们只能听懂"普通人"的语言。我们的父辈们就是

> 从钱包里拿钱出来时，要考虑三次；把钱放入钱包时，一次都不要考虑。

这样生活的。我们从小受到的教育不就是如此吗？"好好学习"、"找份好工作"、"别冒险"、"努力工作"。

该清醒了！从现在开始，你要学会亿万富翁的语言，去实现自己的希望，追逐自己的梦想。

在本书的其他部分，我将帮助你彻底理解亿万富翁的用语。不妨把它当成一堂语言培训课——掌握这门语言之后，你就可以按照生活的菜单点出自己想要的任何菜式了。

学会理解致富的途径

思考以下几个问题：

1. 你是否从未做过投资（房地产、股票、基金……）？

2. 你是否认为工作可以让自己变得富有？

3. 你是否曾经后悔没有做过某项投资？

4. 你脑海里是否蹦出过创业的点子，却没有付诸实践？

5. 当别人在讨论一些与投资、金融相关的话题时，你是否听得懂？

如果你的答案是肯定的，那么说明你还没有真正理解致富的途径。

现在开始，学会理解亿万富翁的语言，去追逐自己的梦想：

1. 开始进行某项投资，无论是房地产、股票、基金还是其他项目。

2. 工作不会让自己变得富有，只有投资才会。

3. 如果后悔没有做过某项投资，那么还有这样的机会千万不要错过。

4. 如果脑海中再蹦出某个创业的点子，一定要立即付诸实践。

5. 学会一些基本的金融和理财知识。

记住：一旦拥有了"理解"的智慧，金钱会自动流到你的身边。

——〔美〕斯科特·安德森

第 **3** 章

抛弃"小富即安"的心态

VISION: A DIFFERENT WAY TO THINK ABOUT MONEY

行动计划：树立远大的目标

12 岁的安德森是如何买到盼望已久的游戏机的？
世界高尔夫球头号选手泰格·伍兹如何攀上事业的巅峰？
负债累累的女人又是怎样还清所有债务的？

长久以来，我所受到的一切训练都在告诉我要"在我需要时，用一种我想要的方式，得到我想要的东西。我现在就要得到。为什么要等呢？为什么要攒钱呢？有钱了，现在就花掉它。买不起？没关系，贷款。我的孩子们会还清它的"。

亿万富翁的思维方式则和我们截然不同。**在钱的问题上，亿万富翁通常能保持足够的自制力。**这是你必须战胜自己的一个重要环节。如果不能发挥足够的自制力，你读这本书就毫无意义。因为正像你将要看到的那样，要学会像亿万富翁那样思考，你就必须做出一些改变。而要想做到这一点，你首先必须发挥足够的自制力。

在本章，有一份供你使用的行动计划。这份行动计划是我获取财务成功的关键所在。

要想培养自制力，你首先需要为自己确立一个远景目标。远景目标可以为你的生活确立边界，让你变得更有节制。如果没有远景，你的生活就会变得失控。

记得在我 12 岁那年，市面上推出了一款新的电子游戏机。

当时我非常喜欢那款游戏机，于是我决定向父亲借 30 美元。父亲告诉我："不，孩子，你要学会自己攒钱。"

可我根本不懂得怎样攒钱，我的小猪储蓄罐里没有一分钱。但由于非常想得到这款游戏机，我必须在 2 个星期之内攒够 30 美元。可当时我每个星期只有 2 美元零花钱，也就是说，要想攒到足够的钱，我至少需要用上 15 个星期的时间。

我必须自己想办法。当时父亲每天给我的午餐费是 2 美元，虽然我也很喜欢享受午餐，但为了得到那款游戏机，我必须节省开支。就这样，两个星期之内，我省下了 20 美元，再加上 4 美元零花钱——我一共凑够了 24 美元。除此之外，我每天放学之后为父亲工作，从他那里一共赚到了 6 美元。

就这样，对于电子游戏机的渴望让我学会了节制自己。我在 2 个星期里坚持不吃午饭，也不乱花钱。通过这种方式，我成功地培养了自己的自制力。

可能你曾经也有过类似的经历。刚开始你不懂得该如何攒钱，但为了筹够房子的首付，你必须学会节制。在过去的 5 年里，你可能没能节约一分钱，但当你看中一套房子之后，在随后的 6 个月里，你就成功地攒下了上万美元。

怎么回事？那是因为你在心里为自己确立了一个目标。正是这个目标让你变得有自制力。

是什么让马拉松选手每天可以跑上 10 英里呢？是什么让健美运动员每天可以在健身房练上 8 个小时？是什么让那些一心想要成为有钱人的人能克制住自己，不乱花钱去买那些花里胡哨的东西，攒下钱来投资？

答案只有一个：**目标**！

亿万富翁并非天生比我们更有自制力。他们之所以能够更好地克制自己，是因为他们确立了更大的目标。在本章中，我正是要告诉你该如何确立远景目标，并用它来激励你前进，直至到达目的地。

这最后一部分也是最重要的——保持热情。我们都曾经有过类似的经历：在读完一本书或者是参加一次财商培训之后，我们会感觉热血沸腾，立志要实现自己的人生目标。可这个目标只持续了1个月，你就又半途而废了。本章的行动计划让你保持热情，并在实现目标的过程中始终保持节制。

要知道，你的大脑服从你的内心，它的主要作用就是帮助你实现梦想。当你在内心深处为自己确立一个目标的时候，你的大脑绝对不会允许任何有违这一目标的事情发生，所以一旦确立目标，当你站在一件价值200美元的东西前时，你的大脑就会告诉

> 亿万富翁并非天生比我们更有自制力。他们之所以能够更好地克制自己，是因为他们确立了更大的目标。

你："不！你知道，要是把这200美元用来投资的话，我就可以得到成千上万美元的回报。"这时你就会节制，将这笔钱进行投资，这样就可以帮助你向着自己的目标更加迈进了一步。

在确立目标之后，一定要正式地把它写下来。要简单——只有简单的目标才会更容易帮助你保持热情。

本章的行动计划应当成为你最好的朋友。每当你的自制力开始减弱，你感觉自己有所动摇的时候，不妨翻开行动计划，让它来帮助你保持热情。试想一下，当你的热情之火即将熄灭时，用它来扇一下，结果会怎样呢？你的热情会变得更加高涨。再重复一次——正是这份行动计划把我推向了成功。

行动计划里全是我从亿万富翁那里学到的各种技巧，也正是他们

用来引导自己思考的技巧。

要想让这本书对你的人生发挥最大作用，你首先就要为自己确立一个目标。如果你已经确立了目标，那就不妨把它写下来吧！

你的目标是什么？ 10 万美元。

好了，现在就开始。立刻写下你的目标，为自己开张空白支票，把它放在一个你每天都能看到的地方。我曾经在自己的行动计划里写下一张 100 万美元的支票，这就是我的目标。

接下来，就是要分析你当前的经济状况。

你现在有多少钱？不妨把目标看成终点。要想到达终点，你首先需要认清自己现在的位置。如果没有一个明确的终点，不能准确了解自己现在的位置，你就无法判断自己的方向是否正确。每次准备度假时，我都会首先想好一个目的地，那就是我要去的地方。

每次开始行动之前，你都需要制定目标。只有制定目标，你才能真正开始踏上行程。比如说你可以为自己定一个财务目标，然后你才会知道该朝着哪个方向前进，以及具体需要做哪些准备工作。

我曾经为自己写下 10 亿美元的财务目标。要想在 10 年之内赚到 10 亿美元，我至少需要每年赚 1 亿。设想一下，无论在美国还是印度，1 亿美元能做哪些事情？相信我，在制定目标的过程中，千万不要过于保守，一定要对自己充满信心。

举个例子，你可能只需要在银行里存上 100 万美元就可以轻松度日了，但是千万不要满足。在制定目标的时候，一定要把眼光放得更长远。问问自己，为什么不为自己定下一个更高的目标呢？在制定目标的过程中，最可怕的心理就是，"要是有 100 万美元的话，我就会去塔希提岛，一边喝着玛格丽特酒，一边轻松度日，享受人生。"

显然，泰格·伍兹(Tiger Woods，世界高尔夫球头号选手。——译者注)

第 ❸ 章 抛弃「小富即安」的心态

已经是一名亿万富翁了。我经常听到人们议论："要是我像泰格·伍兹那么有钱，我就不打高尔夫了，我会找个地方，好好放松自己，享受人生。"这些人之所以没有成为泰格·伍兹，原因就在于他们的这种思维方式。泰格·伍兹之所以能够取得今天的成就，是因为他内心有一个宏大的目标，而正是这个目标在不停地推动着他前进，让他无法止步不前。

目标决定你的结果。

为自己确立一个宏大的目标，你就能得到一个宏大的结果。如果你的目标非常渺小，你所得到的结果也就会非常渺小。正像你在下面的故事中将要看到的那样，真正能够决定你的人生所能实现的成就大小的，其实就是你自己。

有一天，一群讨债的家伙来到一位女人家里，威胁说要带走她的孩子们。因为除了几个孩子之外，这女人一无所有。

设想一下，你是否也遇到过这种情况？由于很久没有收入，万事达信用卡公司派人来到你家里："如果你再不付款，我们就会带走你的孩子。我们知道他很勤奋，可以给他找点零活来赚钱还债。"

万般无奈之下，这女人只好去向比利沙〔Elisha，《圣经》中的人物。比利沙是先知以利亚的门徒，行了许多神迹，帮助有需要的人。——译者注〕神仙求助。

比利沙问这女人家里还有什么。女人说自己只有一点油了。比利沙告诉女人："回家去，找到你所有能找到的瓶子罐子等容器，你可以从邻居那里借，总而言之，你要想尽一切办法来找到尽可能多的容器。"

女人听了比利沙的建议，找到所有容器之后，她开始准备把油倒进自己刚刚借来的容器里。在开始倒油之前，她关上了所有的门窗，然后开始倒油。

让女人大吃一惊的是，眼看快倒满所有的容器，可油还是源源不断地冒出来。当最后一个容器也被倒满之后，油终于停止了（记住，只有当容器用尽的时候，油才会停止）。

然后，她和孩子们开始拿着油去大街上叫卖，最终用卖油得来的钱还清了账单，并用剩下的钱快乐地度过了自己的一生。

我们从这个故事中可以学到很多。

首先，**你必须愿意采取行动**。在这个故事中，女人至少需要去向人求教，去四处搜集容器，并把油倒进这些容器里。就算上帝想要让你变得富有，你也必须有所行动——天上不可能掉馅饼。想要取得，你必须首先付出。你必须采取行动，付出你的时间、精力和资源让你的生意开始转动。

其次，**你需要确定一个宏大的目标**。在这个故事里，直到女人用光了自己的容器，油才停止流出。如果她让孩子们找来 20 个容器，她就可以得到 20 罐油；要是找来 30 个，她就可以得到 30 罐油。真正决定最终结果的正是她自己。

你在生活中所取得的一切成就都要归功于你所确立的目标。如果看不清自己的目标，你就不可能得到自己想要的结果。你必须学会用一种更加长远的方式去思考。

如果这女人再多找 5 个罐子，结果又会怎样呢？她可以多得到 5 罐油。你这一生能够取得怎样的成就呢？要想取得更大的成就，你首先需要改变自己对于人生的期待，让自己的目标变得更加宏大。这一切都完全取决于你自己。

要知道，亿万富翁都是为自己确立了远大目标的人，他们内心深处都有一个无比宏大的目标。他们不会说："努力工作，要是有一天，我每年的收入能达到 10 万美元就好了！"而会说："来吧！我们创办一家公司，一年赚它个几十亿美元。"这时你会意识到一件非常有趣的事情：**一个人的梦想越大，他所得到的结果也就越宏大。**

所以要想学会像亿万富翁那样思考，你首先就需要抛弃那些"小富即安"的心态，不要总是告诉自己："只要赚的钱够用就行了，这样我就可以不再工作，每天待在家里看《欧普拉脱口秀》了！"

在本章的行动计划里，我专门留出了一个地方让你贴上想要的东西的图片。因为图片可以让我们对自己的目标有一种更加直观的认识。

记得我当初曾经想要一辆悍马，于是我就在行动计划里贴了一张悍马的图片。很快，在不到 3 个月之后，我就得到了一辆悍马：首先我积累了一定的资金，然后又花了很多心思联络汽车交易商，最后我只用 2.7 万美元就买了一辆二手悍马 F150。没错，就是 F150，而且它的里程当时只有 2.2 万英里。

我想要一架飞机，于是我在行动计划上贴了一张飞机的图片。为什么想要一架飞机呢？难道是为了要在度假的时候比其他人先到目的地吗？并非如此。我之所以想要飞机，是因为那样我就可以不必在机场里排队，这样我就可以有更多时间完成自己的工作。我的飞机可以让我有更多的时间来利用我最珍贵的资产——时间。

还有一些东西也是我想要的，它们也都跟我的人生目标紧密相联。只要你的心思用在了正确的地方，你的欲望就没有什么不对。

目标的规模决定了收获的大小。

如果你只是想拥有一家小公司，只有几名员工，那么最终你的事业规模可能就只有那么大。人们常说："只有小鸟才能飞翔。"可一个人只要有欲望，只要他想飞，他就可以找到让自己飞翔的办法。直到上个世纪中叶的时候，仍然没有人相信人类可以踏上月球，可正是在这个目标的激励下，人类最终踏上了月球。

如果你总是担心一件事情不会发生，那它很可能就不会发生。但如果你坚信它是可能的，那你就会不惜一切代价让它成为现实。

我也为自己确立了一个宏伟的目标：我希望自己能有 10 亿美元，这样我每年就可以捐出 1 亿美元。我想成功，这样我就可以有能力让更多的人走向成功。我知道很多人可能觉得我的目标有些过于宏大了，可我坚信，只要我认为它是可能的，而且我愿意为此付出足够的努力，这个目标就很可能会变成现实。

行动计划

树立远大的目标

我的目标: 有一天, 我将拥有 _____ 万美元。

贴上想要的东西的图片

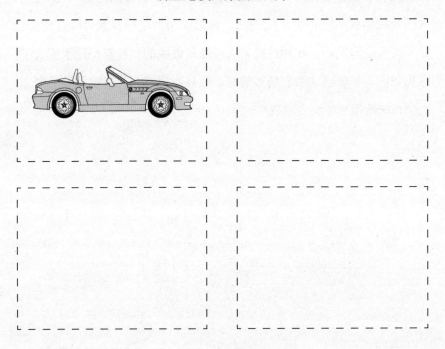

　　千万不要过于容易满足。一旦实现了这个目标之后, 立刻给自己定下更

高的目标。

　　记住: 如果你的目标是"舒适", 你就永远没有成为富人的机会;

　　　　　如果你的目标是成为有钱人, 那你将会有大把的舒适机会。

——〔美〕哈维·艾克

第 **4** 章

三心二意的人会
离目标越来越远

US1,000,000,000US1,000,000,000US1,000,000,000US1,000,000,000US1,000,000,000US1,000,000,000US1,000,.000,000US1,000,0

COMMITMENT TO THE VISION

行动计划：下定决心 / 吸取教训 / 制定预算 / 学会自制

为什么今年的收入比去年高，可积蓄却没有增加？
为什么戒掉喝饮料的习惯，竟能赚取百万财富？
为什么不去搞一夜情，便能节约 36 万美元？

一个三心二意的人很难持之以恒地实现自己的目标。似乎无论之前尝试过哪些事情，你都无法坚持到最后。你想学习，却始终不能专注，为什么？因为你没有下定决心。你尝试做投资，结果仍然是无果而终，为什么？因为你并没有下定决心。

要想实现自己的目标，你必须下定决心。如果无法保证坚持完成整个过程，干脆不要开始。而一旦下定了决心，你就可以跟自己签订一份承诺书，在上面写上日期，并签上自己的名字。比如说：

> 我决心要为成功而改变自己，并以此来改变我的生活；我决心像一名亿万富翁那样思考，通过改变自己的思维方式来改变自己的生活；我决心要做到自己承诺的一切。

在每一天的生活中，你都会不断地下定各种决心，做出各种承诺，然后努力工作去兑现自己的承诺。

好了，首先让我们列一下自己已经下定的这些决心吧：第一，你应该相信自己有足够的能力实现自己的目标；第二，要想照顾别人，你首先必须照顾好自己；第三，你必须努力兑现自己在本书当中所下定的决心。

其次，要牢记自己的目标。你必须每个星期进行温习，如果不这样做，那你很快就会将它们抛诸脑后，一旦遇到困难，你就会怨天尤人，甚至打退堂鼓。亿万富翁会有烦恼，我们也会有烦恼，生活本来就是如此。正是因为有了这些烦恼，我们的生活才会如此丰富多彩。

科学家已经证明，虽然每个人都会遇到各种各样的问题，但那些能够克服自己内心的消极思维的人往往更善于解决问题，并且在解决问题的过程中也会感觉更加愉快。所以如果你能够改变自己的思维方式，你就能够真正地做到"微笑面对困难"。最终你会意识到，**正是这些困难让你变得更有耐心和自信，并使你的生活多姿多彩——关键就在于你要学会克服困难。**

记住，亿万富翁也会失败。真正让他们与我们不同的，是他们面对困难的方式：他们能够从困难中学习并不断地尝试。在这个环节当中，你要写下自己所经历的人生教训——你经历了哪些失败，以及将会从这些失败当中学会什么。你会吃惊地发现，只要能够做到这一点，你就可以轻松避免很多自己以前犯下的错误。

确立你的财务目标

最后，写出你的财务目标。每到月底的时候，你都应该写出自己的财务计划。"那些钱都去哪儿了？我今年的收入比去年高，可我的积蓄却没有增加，问题出在哪儿？"

目标！因为你没有确立自己的财务目标，所以你根本不懂节制。你就像是一座没有围墙的城市。这样你就会任由信用卡搜刮走你所有的收入，直到你身无分文。我知道很多人可能会想："可我每月都会给自己做预算啊？"没错，你可能的确有预算，可你并没有一个明确的目标。所以在阅读本书的过程中，一定要记得写下自己的个人财务目标。

下面是一个简单的预算样本，如今大多数美国人都是按照这种方式来为自己列预算的。

表4.1　美国人的财务预算表（单位：美元）

支　出	租　金	350
	水电费	50
	汽车和保险费	300
	燃油费	100
	食　物	200
	总　计	1 000
收　入	1 200	
积　蓄	200	

这时你可能会想："嘿嘿，还有200美元剩余，那我就可以给自己买几件衣服了。"或者你会想着再用150美元分期付款，给自己买辆更好的汽车。没过多久，公司给你加薪，这样你每月的收入就达到2 000美元。好了，现在有1 000美元剩余了，你就可以给自己买辆更好的汽车，买件500美元的外套……

没过多久，圣诞节来了，情况又会怎样呢？稍等——你在做预算的时候并没有考虑到圣诞节，可现在你必须多支出500美元。遇到这种情况时，我们中的大部分人会怎么办呢？刷卡！有朋友过生日了，可我们的预算里并没有列出这笔开支，怎么办？刷卡！情人节、纪念日、书本费……天呐，你发现原来有那么多开支都未列入自己的预算。没办法，你只好继续刷卡，为此你不得不支付15%～30%的利息，这也就意味着你是在透支，并不得不为此支付高额的利息。

所以情况非常明显，你必须改掉这种做预算的习惯，开始换一种方式做好自己的财务规划。

一步一步来吧！

第一个需要考虑的是你的收入。如果你到现在还没有一份固定的收入，恐怕就很难进入以下的步骤。没有种子，你就无法播种。所以这时你需要做的事情就是放下这本书，马上去找工作。

如果你找的是一份按周计酬的工作，不妨将其乘以 4.333（因为通常每月有 4.333 个星期)。

在开支部分，你可以列出自己每月必需的花销。下面我们可以一起仔细分析一下这部分支出。

时间是你最重要的账单。有人做过统计，在许多人的一生当中，因为汽车抛锚或者洗衣机罢工所导致的损失可以高达百万美元。有人会告诉我："你真幸运，你从来都没遇到过这么倒霉的事情。"不，这并不是因为我幸运。我之所以不会那么倒霉，是因为我总是知道该如何做好规划，从而避免发生此类情况。

我们中的很多人都会遇到许多倒霉的事情。一些不知名的东西经常在不知不觉间破坏我们的交易，偷走我们的各种东西，可我们却始终不知道究竟是出于什么原因。为什么会这样呢？因为我们在很多事情上都没有做好规划。所以千万不能再有那种"要是能赚到更多钱，我就可以更好地安排自己的生活"的心态了。一定要拿出一部分钱来安排自己的生活，避免那些意外情况的发生。每月拿出你收入的 10%，把这看成是你最重要的投资。记住：哪怕每小时只能赚到 7 美元，也一定要拿出收入的 10% 用于意外情况——只要做到这一点，你就有可能成为百万富翁。

自制力能带给你财富

如果我把你唤醒，告诉你："如果你能戒掉喝苏打水的习惯，我可以给你 300 万美元"，你能做到吗？如果我告诉你："如果你能戒烟，我可以给你 600 万美元"，你能做到吗？下面我就会告诉你，戒掉生活中的这些坏习惯是如何为你节约数百万美元的。当然，这并不是我要在本书中谈到的主要内容，它只是能帮助你节约资金，更好地用于投资罢了。

如果能改掉一些坏习惯，你一生当中就可以省下数百万美元，所以说："自制力能带来财富。"

不妨把这一点跟前面讲过的"预算"部分结合起来，通过戒掉坏习惯为自己积累更多资金，然后将其用于投资，以帮助你更好地实现自己的人生目标。举个例子：

如果你每天喝 3 杯可乐，你 1 天就要花掉 4 美元。每周 7 天，也就是 28 美元。这听起来似乎并不是大数字，但如果以年为单位来计算，你每年就要在可乐上花掉 1 456 美元。如果你把这笔钱用于投资，按照 10% 的收益率计算，一年之后你的收益将达到 1 601 美元〔1 456×（1+10%）≈1 601。——译者注〕。如果按 20 年计算的话，你在可乐上的投资收益一共是 8.9 万美元（每年多加 1 456 美元的本金。——译者注）；如果按 30 年计算，你的收益将是 25.7 万美元；按 40 年计算，你的收益将是 69.2 万美元；按 50 年计算，你的收益将达到惊人的 300 万美元。所以如果你在 18 岁的时候戒掉喝可乐、抽烟以及快餐 3 项开销的话，等到 73 岁的时候，你把所节约下来的钱用于投资后的收益将达到惊人的 900 万美元。

经常有人告诉我，说自己根本没有钱用来投资，我总说："戒掉喝苏打水的习惯，这样你就有钱了。"

在行动计划中，你可以写下所有每天会花费你 4 美元的习惯，那么通过戒掉每项习惯，那么 10 年后你就可以节约下 2.5 万美元。（不妨假设一下，如果你在 1995 年开始停止喝对你身体有害的苏打水，你现在就可以省下足够的钱来买辆新车；如果你改掉 4 项坏习惯，你现在就会有 10 万美元用来投资了。）不仅如此，随着时间的增加，你所积累的财富也会快速地增加。

美国人一般都会有 3 个坏习惯。我所谓的"坏习惯"，指的是那些会让你上瘾，耗费你大量金钱的习惯。比如说星巴克、香烟、苏打水、快餐食品或者拥有 7 000 个频道的有线电视。每个正在读这本书的人每天至少都会因为这些坏习惯而花掉 12 美元。

如果你每天抽 1 包或 2 包香烟，喝 3 杯苏打水，或者是一个星期吃 4 次快餐，或者喝 3 次星巴克，这就说明你拥有 3 项坏习惯。10 年之内，这些习惯将耗费你 900 万美元。

我最喜欢用的是一个关于一夜情的例子：

> 设想一个男孩在一次一夜情当中让女方怀孕，他该怎样抚养这孩子呢？就这样，由于缺乏自制力，他就不得不承担起抚养孩子的重任。而正像我们在前面说过的那样，仅仅是抚养孩子，你就需要花费数百万美元——丝毫不亚于 4 项坏习惯所需要的花费。可如果你能有足够的自制力，不去搞一夜情，20 年的时间里，你就等于节约了 36 万美元。如果你能将这笔钱用来投资，

那么，大概 35 年之后，你就可以得到 1 000 万美元——这无疑是一个惊人的数字。

有趣的是，所有人都有自己的坏习惯，但我们并没有意识到的是，正是这些习惯在阻碍我们前进。它们想让我们脱离正确的轨道：我必须喝可乐，必须抽烟——我们感觉自己的确需要这些东西，可事实上，它们不仅在伤害我们的身体，还在偷取我们完全可以投资未来的资金。

可悲的是，我们甚至没有意识到这一点。我们会告诉自己："仅仅只是 4 美元。"可事实上，这些东西正在慢慢偷走我们投资未来的能力。

正像前面说过的那样，我之所以在本章后面附上行动计划，目的在于帮助你确立自己的人生目标——而人生目标正好可以帮助你更好地培养自己的自制力。除非我把你唤醒，告诉你如果你能戒烟的话，我就会给你 300 万美元，否则你很难有动力去戒烟。有多少人会为了得到 300 万美元去改掉喝可口可乐的习惯呢？我想这正是我们所需要思考的。

不妨告诉自己："只要我能改掉这个习惯，就会有人给我 300 万美元。"可能你会有 4 个坏习惯，这样你就会有更多的钱来用来投资，这些资金又会自行增值。当你有了 2.5 万美元存在银行的时候，你就会吃惊地发现自己居然有了那么多可以随意支配的资金，比如说你可以从银行贷款。当你在银行的存款达到一定金额的时候，他们就会说："好吧，如果你需要的话，我们可以贷给你更多钱，拿去用吧。"这样的话，你就可以支配更多别人的，而不仅仅是自己的资金。

一旦你的账户存款达到了 2.5 万美元，银行就会突然愿意借给你更多的钱。一旦有了更多的钱，你就可以用来进行投资，去努力实现自己的梦想。

现在就开始行动吧，列出自己的坏习惯，把它们记录下来，张贴到一个让你一早起床就能看到的地方。比如说你可以把它贴到冰箱门上，这样每次要喝可乐的时候，你就会看到这张纸条，这时你就会告诉自己："哦，我的天呐，这要花掉我 1 200 万美元啊！我才不会这么浪费呢！"

如果你能够进一步提高自己的自制力，将你收入的 10% 用来投资，那会发生怎样的结果呢？即便你一直没有得到加薪，你每小时只能赚到 10 美元，你需要拿出其中的 10%，也就是每周 40 美元，用来进行投资，这也就等于你改掉了 1.5 个坏习惯。而且这还只是简单的投资，不包括房地产投资。只要能够坚持下去，50 年之后，你所节省下来的这笔资产就能达到 450 万美元。如果你能同时再改掉 3 个坏习惯，你就会有 1 350 万美元的资金。这时你就会吃惊地发现，改掉这些小小的坏习惯居然可以为自己带来如此巨大的收益。这是一个非常有趣的数字游戏，一旦省下 2.5 万美元，这笔钱就会立刻开始为你工作。把它存到银行里，你就可以用银行贷款来进行投资，不到 10 年之后，你就可以用这笔钱赚到成百上千万美元。也就是说，即便每小时只赚 10 美元，改掉坏习惯却可以让你赚到数百万美元。

好了，现在就开始，在行动计划上写下自己决心改正的坏习惯。马上行动！

行动计划

下定决心

我 _____，于 _____ 日，下定决心实现我的目标：

1. _____

2. _____

3. _____

4. _____

5. _____

6. _____

7. _____

8. _____

9. _____

10. _____

吸取教训

1. 你的人生中发生了什么令你沮丧的事?

2. 你从中学到了什么?

3. 你下次将会怎么做?

制定预算

这份预算单会考虑到你在 1 年当中可能要支付的所有开支项目，从而保证你在需要金钱的时候不至于靠借贷度日。

步骤 1：算出你的月度收入。

月度收入 = 周收入 × 4.3333（填上你的税后收入）

步骤 2：算出你的月度开支。

月度开支分为绝对开支、相对开支、个人和家庭开支和年度杂项开支。

1. 绝对开支（月度）：这些是你每月的固定开支。

表 4.2　绝对开支明细表（单位：美元）

绝对开支	开支金额
用来投资的钱	
房屋月供或租金	
汽车开支	
汽车保险	
有线电视	
家庭日常开支	
人寿保险	
信用卡开支	
银行卡开支	
银行收费	
其　他	
总　额	

2. 相对开支（月度）：这些是你每月需要支付的开支，但它们的具体金额可能会有所变化，你只要尽量估计准确就可以了。

表 4.3　相对开支明细表（单位：美元）

相对开支项目	开支金额
汽　油	
电　费	
电话费	
医疗开支	
牙齿护理	
眼部护理	
城市管理费	
总　额	

3. 个人和家庭开支（月度）：根据自己的收入情况进行调整的开支。

表 4.4　个人和家庭开支明细表（单位：美元）

个人和家庭月度开支项目	开支金额
你的服装	
配偶的服装	
孩子的服装	
你的个人开支	
配偶的个人开支	
孩子的零花钱	
孩子的午餐费	
孩子的各种活动开支（体育运动、钢琴等）	
洗车等	
照顾孩子	
干　洗	

表 4.4 个人和家庭开支明细表（单位：美元）　（续表）

娱乐开支（外出就餐、看电影等）	
布置房间	
家庭美发开支	
美容开支	
其他（一些不时之需或者是你在预算时忘记统计的开支）	
总　额	

4. 年度杂项开支（月均）：这些是你每年的基本开支（教育、汽车登记和维护开支）和可以根据自己的收入进行调整的开支（节日、生日和假期开支）。

表 4.5 年度杂项开支明细表（单位：美元）

开支金额（年/月）　　　开支项目		每年开支	每月开支（每年开支÷12）
教　育			
汽车登记			
维　护			
节日开支	节日 1		
	节日 2		
	节日 3		
	总　额		
生日开支	生日 1		
	生日 2		
	生日 3		
	总　额		
假期开支	假期 1		
	假日 2		
	假日 3		
	总　额		
年度杂项开支总额（月均）			

步骤 3：算出每周结余，检查你的收入是否与你的开支相匹配。

如果"每周结余"小于 0，建议你削减"年度杂项开支"；

如果仍然小于 0，建议你削减"个人和家人开支"；

如果仍然小于 0，建议你削减其他任何可以削减的开支。如果还小于 0，建议你换份工作或增加收入来源。

表 4.6　每周结余明细表（单位：美元）

月度收入		
月度开支	绝对开支总额	
	相对开支总额	
	年度开支总额（月均）	
	个人和家庭开支总额	
	年度杂项开支总额（月均）	
每周结余 〔（月度收入−月度开支）÷4.3333〕		

学会自制

如果你每天喝 3 杯可乐，你 1 天就要花掉 4 美元。每周 7 天，也就是 28 美元。这听起来似乎并不是大数字，但如果以年为单位来计算，你每年就要在可乐上花掉 1 456 美元。

如果你把这笔钱用于投资，按照 10% 的收益率计算，一年之后你的收益将达到 1 601 美元；按 50 年计算，你的收益将达到惊人的 300 万美元。

表 4.7   把买可乐的钱用于投资后的收益表（单位：美元）

年	投 资	年	投 资
1+$1 456=	$1 601.60	29+$1 456=	$232 303.40
2+$1 456=	$3 363.36	30+$1 456=	$257 135.34
3+$1 456=	$4 819.30	31+$1 456=	$284 450.47
4+$1 456=	$6 902.90	32+$1 456=	$314 497.11
5+$1 456=	$9 194.79	33+$1 456=	$347 548.42
6+$1 456=	$11 716.87	34+$1 456=	$383 904.86
7+$1 456=	$14 489.04	35+$1 456=	$423 896.94
8+$1 456=	$17 539.56	36+$1 456=	$467 888.23
9+$1 456=	$20 895.10	37+$1 456=	$516 278.65
10+$1 456=	$24 586.22	38+$1 456=	$569 508.11
11+$1 456=	$28 646.44	39+$1 456=	$628 060.52
12+$1 456=	$33 112.68	40+$1 456=	$692 060.52
13+$1 456=	$38 025.55	41+$1 456=	$763 316.58
14+$1 456=	$43 429.71	42+$1 456=	$841 249.83
15+$1 456=	$49 374.28	43+$1 456=	$926 976.41
16+$1 456=	$55 913.30	44+$1 456=	$1 021 275.60
17+$1 456=	$63 106.23	45+$1 456=	$1 125 004.70
18+$1 456=	$71 018.46	46+$1 456=	$1 239 106.70
19+$1 456=	$79 721.90	47+$1 456=	$1 364 618.90
20+$1 456=	$89 295.69	48+$1 456=	$1 502 682.30
21+$1 456=	$99 826.86	49+$1 456=	$1 654 552.10
22+$1 456=	$111 411.13	50+$1 456=	$1 821 608.90
23+$1 456=	$124 153.84	51+$1 456=	$2 005 371.30
24+$1 456=	$138 170.82	52+$1 456=	$2 207 510.00
25+$1 456=	$153 589.50	53+$1 456=	$2 429 862.60
26+$1 456=	$170 550.05	54+$1 456=	$2 674 450.40
27+$1 456=	$189 206.65	55+$1 456=	$2 943 497.00
28+$1 456=	$209 728.91		

每天花费 4 美元，那么：

10 年 = 25 000 美元

20 年 = 90 000 美元

30 年 = 260 000 美元

40 年 = 700 000 美元

50 年 = 1 900 000 美元

55 年 = 3 000 000 美元

所以如果你每天抽一包烟，喝 3 杯苏打水，每周吃 4 次快餐，你的总成本将会是：

10 年 = 75 000 美元

20 年 = 270 000 美元

30 年 = 780 000 美元

40 年 = 21 000 000 美元

50 年 = 57 000 000 美元

55 年 = 90 000 000 美元

问问自己，你每天有多少 4 美元的爱好？

_____ _____ _____

_____ _____ _____

_____ _____ _____

_____ _____ _____

10 年：_____（你的坏习惯数量）× 25 000 美元 = _____

20 年：_____（你的坏习惯数量）× 25 000 美元 = _____

30 年：_____（你的坏习惯数量）× 25 000 美元 = _____

40 年：_____（你的坏习惯数量）× 25 000 美元 = _____

50 年：_____（你的坏习惯数量）× 25 000 美元 = _____

55 年：_____（你的坏习惯数量）× 25 000 美元 = _____

如果你改掉这些坏习惯，把节省下来的钱用来投资，你得到的收益将会是 _____ 美元。

如果你能进一步提高自己的自制力，将收入的 10% 用于投资，我们可以计算出结果——在没得到任何加薪的情况下。

比如说，你每小时赚 10 美元，一个星期就是 400 美元。将其中 40 美元用于投资，则：

每周 40 美元 = 戒掉 1.5 个坏习惯

55 年 = 4 500 美元

如果你能同时再改掉 3 个坏习惯的话，则：

55 年 = 13 500 000 美元

记住：自我控制是最强者的本能。

——〔英〕萧伯纳

第 **5** 章

不要在需要时才打开书本

BILLIONAIRES PREPARE TODAY FOR
THE OPPORTUNITIES OF TOMORROW

行动计划：今天做明天的事

年轻的女心理学家如何成为拳击运动专家和王牌主持人？
两位油漆匠的收入为什么会有天壤之别？

在对待智慧的问题上，亿万富翁有着和我们不同的理解。我们只有在自己需要时才会想到去获取智慧。亿万富翁却会提早做好准备。他们会读那些自己可能在很多年里都不会用到的书，去获取那些并不能立刻给自己带来收益的知识，而我们却喜欢临时抱佛脚。正像我前面说过的那样，亿万富翁的想法和我们不同，所以他们才会过上和我们完全不同的生活。

我曾经见过一个想要从事房地产行业的朋友，他告诉我："我看中了一块地，要想得到它，我必须在 45 天之内把它买下来。"

我说道："你想好融资计划了吗？找好建筑设计师了吗？是不是已经画完草图了？"

他说道："没有，我正在忙这个。"

不用说，他最终并没有得到那块地，不仅如此，他还在整个竞标过程中损失了 30 万美金。为什么？因为他的想法跟大多数人一样，他的眼界只停留在今天。

当我们大多数人都在为今天的事情忙碌时，亿万富翁却正在为明天的机遇做准备。所以当机遇出现在我们面前的时候，大多数人都没有做好准备，只能看着机遇白白溜走。可亿万富翁知道，生活的秘密就在于打开机遇之窗。如果没有提前为打开这些窗口做好准备，自己就会与这些机遇擦肩而过——而每一次这样的擦肩而过可能都会让你损失成百上千万美元。亿万富翁经常会为明天的事情做准备，所以如果想要开始像亿万富翁那样思考，我们就应该开始学会思考明天。

每个人的一生都充满机遇，但我们却经常因为缺乏准备而错过这些机遇。机遇之窗往往是转瞬即逝，很快就会关闭。我们都曾经错失过机遇。比如说一个商业机会出现，但你却错过了；再比如说你有了一项发明，但你却从来没有尝试去采取行动，现在这项发明却在别人手中变成了广受欢迎的产品；你发现一块正在出售的土地，价格非常合适，但你却没有立刻动手把它买下来；你发现一笔很好的交易，但就在你准备达成交易之前，别人却早已动手了。

我们可能会想："为什么要去为那些可能永远都不会发生的事情做准备呢？"不妨想想诺亚〔Noah，《圣经·创世纪》中的人物。诺亚是亚当和夏娃的第九代子孙，当时人类已经充满邪恶，只有诺亚行为端正，所以上帝指示诺亚建造一艘方舟，并收容每种动物各一对，以便在大洪水过后能够延续地球上的物种。——译者注〕。当他想到要去建造一艘方舟的时候，他的面前出现了一个巨大的机遇。可如果他告诉自己："我才不会去建方舟呢！要是我花了那么长的时间去造一艘大船，可结果却根本不下雨呢？我才不会做这样的傻事呢！"结果会怎样呢？

如果他没有做准备，他可能就会错过这样一个机遇。正像我们前面说过的，如果那位需要油的女士对比利沙满腹狐疑，"我需要的是钱，去搜集这些容器有什么用呢？"如果是那样的话，她可能永远都不会看到后来出现的那些奇迹。

说实话吧，我非常清楚，在过去的 10 年时间里，我错过了一个又一个可能会让我赚到成百上千万美元的机遇。之所以会出现这种情况，并不是因为上天不想让我发财，而是因为我根本就没有做好准备。我总是在被动地应对生活，而不是主动做好准备。比如说我发现了一个很好的机遇，当我还在努力融资，安排一切的时候，那些有钱人早已做好了准备。我总是在说："天哪，我可真够倒霉的，这个世界总在跟我作对。"事实并非如此。我之所以倒霉，是因为我没有做好准备。

亿万富翁会为生活做好准备，而其他人只是在被动地应对生活。每当亿万富翁遇到问题的时候，他们会发现自己早已做好了准备，所以很快就能解决。可我们其他人却只是在问题出现的时候才想到要去开始准备。

亿万富翁每天都会抽出一定的时间去为将来可能会发生的事情做准备，如果我们想要成为亿万富翁，我们也应当这样做。

在过去的 1 年中，这是我的生活中所发生的一个最大的变化。让我感到吃惊的是，这并没有妨碍我去做那些自己非常喜欢的事情。我发现亿万富翁总是会放弃那些只能浪费时间的活动，而把时间用来为将来做准备。

我们每天浪费 1 个小时去听那些无聊的音乐，观看无聊的体育评论节目，而亿万富翁则会用这些时间来做一些能够帮助自己获取更多智慧的事情。谁关心你知不知道联盟杯所有垒球运动员的个人状况呢？换句话说，知道这些事情也不会让你的生活有任何改善。与其用来了解这些信息，还不如抽出时间学学如何投资，了解一下股票，学习一些商业知识或者是其他能够让你的生活变得更好的东西。

不可否认，**这个世界不是专门为某一个人准备的**。当机遇之窗打开时，如果你没做好准备，机遇就会从你身边溜走。而另一方面，只要每天抽出 20 分钟，你就可以在自己的生命当中创造奇迹——当然，你完全可以抽出更多时间，做更多的准备。准备越多，收获就越多。

举个例子，如果每天抽出 20 分钟，你就会步入 5% 的行列，你比世界上 95% 的人都准备得更多。你会成为那些已经为机遇做好准备的精英人士中的一员。如果每天抽出 1 小时，你就会成为精英中的精英。无论抽出多少时间来做准备都不为过，你要持续不断地更新自己的知识储备——只有这样，你才能在自己想要取得成功的领域中有所成就。

只要了解一下这个世界上的那些成功人士，你会发现他们一生都在为自己的将来做准备。齐格勒（Zig Ziglar）每天读一本书——当然，肯定不是《花花公子》，也不是那些粗制滥造的言情小说。他读的是一些关于领导力、成长和智慧的书。他通过阅读更好

> 1 角硬币和 20 美元的金币沉在海底是毫无区别的。只有当你将他们拾起并投入流通时，它们的价值区别才显现出来。

地理解人生，理解自己的婚姻，学习如何教育孩子。他并不会用一种得过且过的心态来照顾自己的家人。他是一个足够聪明的人，所以他很清楚，要想更好地抚养自己的孩子，让自己的婚姻变得更加成功，他需要不断学习。他使用同样的技巧来指导自己的销售团队，并在这个过程中发现了自己的演说天分。你也是一样，你必须不断地寻求智慧，为明天的机遇做好准备。

这本书的雏形是我的演讲稿。在准备演讲的过程中，我一共做了约 7 000 页的笔记。为了进行 1 个小时的演讲，我总共花了 15 个小时的时间做准备。我总是在不停地做计划，不停地投入时间。正是由于做了如此大量的准备，当我在美国进行巡回演讲来推广这本书的时候，我才会从容不迫。

你应该为自己的生活做哪些准备呢？你准备好了吗？你上个星期花了多少时间为你可能遇到的下一个机遇做准备？大多数人可能甚至 1 年都不会去读一本励志类图书。你今年读了几本书？你上次买书回家

第 **5** 章 不要在需要时才打开书本

并仔细阅读，甚至做笔记是在什么时候？生活在当今这个社会，人们总是在被动地接受电视或其他媒体传递的信息，甚至已经忘记了走进书店或图书馆，去为迎接下一个机遇做好准备。

1955 年的一个晚上，有一位年轻的女心理学家正在睡觉。突然，外面传来一声巨响，一辆凯迪拉克冲进了她的卧室。她并没受伤，但这件事情从此改变了她的想法。从那时起，她意识到，自己想要一辆——而且一定会得到——凯迪拉克。虽然如此，她却并不知道该如何去实现自己的目标。

她坐在起居室（要比卧室安全多了）里，打开电视，看到《64 000 美元提问》（*The 64 000 Dollar Question*, 被认为是现代益智节目的鼻祖。1955 年，由美国 CBS 电视台推出。参赛者回答节目中提出的各类高难度问题，答对的越多，奖金也就越高，最后一个问题的奖金高达 64 000 美元。——译者注）节目。突然，她想到该如何得到凯迪拉克了。她并不想要钱，而是想达到自己的目标——一辆凯迪拉克。

但就在看电视的过程中，她发现所有的比赛选手都出人意料地知道一些与他们所从事的领域无关的事情。比如说一位海军陆战队员居然对芭蕾舞无所不知，一位造鞋匠居然还是一名烹饪高手，可她自己却对那些跟自己生活方式无关的东西一无所知。

她知道，在外人看来，自己是一位年轻漂亮的心理学家，但看了这个节目之后，她开始意识到，要想参加这个节目，她需要了解一些跟自己所在领域无关的事情。于是她选择了拳击。从那以后，只要一有时间，她就会钻研关于拳击的一切知识：她查阅了关于拳击的所有数据。她知道过去 50 年间每一场重量级比赛的获胜者，她知道过去 50 年间每一位顶级拳击手的所有相关数据——就这样，她最终成为了一名拳击运动专家。

于是她决定申请参加《64 000 美元提问》节目，结果她被选中了。节目一开始，她就一马平川，势如破竹，最终，她为自己赢到了一辆凯迪拉克。但事情并没有结束。得到凯迪拉克之后，她继续前进，多次参加了类似的节目，就这样，她开始受到越来越多的关注，并最终开办了自己的节目。节目的名字是《乔伊斯博士》（*Dr. Joyce Brothers*），主要是讲述她的成长故事。她为自己设定的目标让她不遗余力地去做准备，而她所做的这些准备最后又改变了她的人生。做好了准备之后，一旦机遇来临，她就能立刻把握住。

所以，一定要告诉自己，机遇之窗随时都可能在你面前打开，一定要做好准备。要想更好地把握机遇，你需要不断地积累智慧和知识，丰富自己的人生。我相信，**要想让自己在经济上获得更大的自由，你唯一需要的就是更多的智慧**。你昨天所积累的知识和智慧造就了你今天的处境，所以只要今天不断地积累，你的明天就会更上一层楼。

我认识两个人，他们都是油漆匠，做的是完全相同的工作，但由于他们在知识和智慧上的储备不同，所以他们的收入水平也相差甚远：其中一个平均每小时只能赚 12 美元～13 美元，而另外一位每小时能赚到 200 美元。他们水平都不错，而且都总是在忙个不停。那么为什么两人的收入会有如此巨大的差别呢？

第一个油漆匠的做法是这样的：他会完全按照你的交代做事，你告诉他粉刷成什么颜色，他就怎么做。而那位每小时赚 200 美元的油漆匠的做法则截然不同：他会把你家砖头砌成的墙壁粉刷成大理石般的效果。就这样，对于油漆工作的了解决定了他们的技术水平，而他们的技术水平又最终决定了他们的收入水平。

由此可见，无论是从职业生涯还是从任何领域来说，你的知识和智慧水平都会最终决定你所能达到的层次。

上个世纪 80 年代早期的时候，我父亲每小时的收入只有 9 美元。他想要赚得更多，但在当时那个时代，要想做到这一点，唯一的办法就是加入工会——工会工人每小时可以赚到 50 美元。而要想加入工会，你就必须去读大学，接受特殊的培训。

但父亲决心已定。他每天回家的时候都会去一趟工会办公室，问他们自己能否加入工会。每次他得到的答案都一样，他们告诉他，要想加入工会，他就必须首先去上大学，接受专门的培训。

我至今还记得父亲当时努力的情景，为了能通过考试，他每天晚上都会抽出一个小时来刻苦攻读。我问他："爸爸，你在干什么啊？"

他告诉我："学习，准备考试。"

"什么时候考试？"我问他。

"不知道。"

"既然不知道什么时候考试，为什么还浪费时间去学习呢？"

然后他跟我说了一句让我铭记终生的话："我只是在做准备，这样机会一旦出现，我就可以从容应对了。如果今天不做好准备，明天一切就都晚了。"

就这样，父亲学习了各种图表，记下了各种数据指标，以及其他一切关于空调和供暖方面的知识。终于有一天，当父亲走进工会办公室时，2 年时间里，他已经无数次踏进这个办公室了，对方接待员告诉他："请稍等！"然后她拨通了一个电话，一位男士走出来说道："明天下午 3 点来一趟吧，我们会专门为你安排一次考试。"

如果没有提前为这次机遇做好准备，他就会不得不在考试之前临时抱佛脚，努力在一夜之间看完所有的材料。结果他考了 95 分，并加入了工会，工资也随之变成原来的6倍。正是由于他在2年里不间断地每天投入一小时去做准备，他才稳稳地把握住了这次机遇。

　　既然你每天也能抽出20分钟，为什么不用来为自己的将来做准备呢？与其去读一份无聊的小报，还不如读一些能够给你带来知识和智慧，能帮助你更好地为下次机遇做好准备的东西。比如了解一些关于房地产和证券投资的知识。做好准备，它会给你的生活带来前所未有的平静、快乐和幸福。没有什么能比获取智慧和知识更加重要的，你应该把它们当成你生命中最重要的事情。

　　好了，现在就开始，在行动计划中写下你打算为将来做出怎样的准备。我鼓励你每天至少抽出20分钟。

今天做明天的事

思考以下几个问题：

1. 你去年阅读了几本励志类的图书？

2. 你上一星期花了多少时间做了一些对将来有益的事情？

3. 你上次买书回家并仔细阅读，甚至做笔记是在什么时候？

如果你每次只有在需要的时候才打开书本，那么这就注定你不会成为有钱人。现在开始，写下你打算为将来做的准备：

1. _____

2. _____

3. _____

4. _____

5. _____

6. _____

7. _____

8. _____

9. _____

10. _____

记住：不为明天做准备的人永远不会有未来。

—— 〔美〕卡耐基

第 **6** 章

信念的力量

US1,000,000,000US1,000,000,000US1,000,000,000US1,000,000,000US1,000,000,000US1,000,000,000US1,000,000,000US1,000,0

BILLIONAIRES KNOW WHAT THEY WANT
WE SEEM TO BE DOUBLE-MINDED

行动计划：树立信念

捕鱼的孩子如何实现由一无所获到满载而归的转变？
很多人接受了理财培训，可为什么生活依旧一成不变？

哈佛商学院曾经发明过一个词语：认知不协调。所谓认知，就是指人的大脑，而不协调就是指不一致。刚开始时，人们一般用"认知不协调"来形容那些无法相融的声音所会发生的碰撞，后来人们用它来表示"三心二意"。

从获取金钱的角度来说，三心二意就意味着：**在表面上，你总是在说自己想要成功，想要变得富有，但在内心深处，你却坚信自己不会变得富有。在表面上你会为自己设定一些目标，并且制定一份清晰的愿景，但在内心深处，你坚信自己根本无法实现自己的目标。**三心二意的心态会影响到你生活的各个方面。它会影响到你的人际关系。你可能会娶到一位非常了不起的女性，但你的核心价值观会让你感觉这位女士其实一钱不值。你不会平等地对待女性和男性，所以你会把自己的妻子当成垃圾，然后问自己，"为什么我的婚姻总是出问题？"

你想要在经济上有所成就，但在内心深处，你的核心价值观却阻碍你前进。你总是三心二意，不够坚定。哪怕是手里握着钱的时候，你也无法把握自己。在内心深处，你坚信自己是不可能发财的。所以要想真正有所成就，你必须停止这种三心二意的状态。

亿万富翁知道自己相信什么，而我们则以为知道自己坚信什么。

亿万富翁懂得让自己内心的想法给自己的生活带来成功，而我们则会让外部环境阻碍我们取得成功。

还是让我来解释一下吧。这个世界上有两种思考——一种是对于外部事物，对于发生在你身边的事情的思考；另一种是对内部事物，对你自己的真实信念的思考。选择哪种思考方式将最终决定你的成就。

外部思考说：你现在根本就不可能发大财。目前经济形势一路下滑，政府四处削减开支，就连收入也开始不断下降。所以外部思考总是在找出各种理由告诉你为什么你不可能发财。总而言之，外部思考只会关心外部环境。

而亿万富翁则从内部思考告诉自己："现在真是收购土地的好时机啊！现在真是创办企业的好时机啊！赶快动手，要想成功，就趁现在。"

从前有一位老人告诫自己的孩子，与其把过多精力用来关心周围的环境，倒不如认真思考自己拥有怎样的机会。

当时孩子每天都在捕鱼，可每天都是一无所获。有一天，当孩子想要放弃的时候，老人告诉孩子再试一次。"去吧，到水深一点的地方，用力撒开你的渔网吧。"

但孩子还是告诉老人："老先生，我们一直在努力，可还是一无所获。不过既然你说了，我还是再努力一下吧！"

当孩子按照老人的吩咐做了之后，他果然捕到了一些鱼，可渔网破了。于是他们向另外一艘船上的同伴发出信号，让他们来帮忙。结果他们装了满满两船的鱼。

表面上来看，他们坚持说湖里根本没鱼。可事实上，鱼早已在那里了。老人所做的，只是改变年轻人的思想。他告诉年轻人去再试一次。

（第 6 章 信念的力量）

第 **6** 章　信念的力量

由此可见，要想捕到鱼，年轻人必须改变自己的想法。而一旦他的想法有所改变，整个情况也就开始变得不同了。突然之间，湖里的鱼似乎都捕不完了。

你所相信的，最终也会变成现实。当你坚信自己不可能成功时，你就不会成功。你甚至不会去尝试，这样还没开始你就已经失败了。如果年轻人坚持自己最开始时的想法，他就不会听从老人的建议再试一次。"此地无鱼"的念头就会变成他所面对的现实。如果老人没有向年轻人提出这一建议，年轻人当天就会收网回家，当然，仍旧是一无所获。第二天的时候，他仍然会垂头丧气，就这样一直到老。

千万不要把固有的观念当做现实。记住：你看待这个世界的方式，你对周围人们的认识，都会通过你的大脑进行过滤。所以你所看到的并不是真正的现实，只是你眼中的现实罢了。

比如说你今天遇到了一件事情，然后你就会通过自己之前的经历——假如你曾经经历过类似的痛苦——根据自己的解释采取行动。如果你的解释是错误的，你的行动也就不会正确。你可能甚至都意识不到原来是你的想法出了问题——你只是在发愣疑惑，我到底做错了什么呢？

还是让我来举个例子吧。

一天，一个人走到一位正在工作的女士面前，告诉她，她的头发看起来很漂亮。他并不是在勾引她，他只是想表现得有礼貌一些，而且他觉得对方一定对自己的恭维感到很受用。

但对于这位女士来说，她就会启动自己的大脑，开始对男士的这几句话进行过滤。她的父亲曾经对她进行过性虐待，所以这位女士坚信男人没有一个好东西。正是由于她的过去、她以往所受的伤害，以及她所经历的痛苦，她开始认为这位男士是在勾引自己。虽然她并不认识，也不了解这位男士，但她对他已经形成了固定的看法，所以她开始不知不觉地告诉自己："我知道他想要什么，他就是一头猪。"于是，她站起身来，臭骂了这位男士一顿，然后转身离去了。正由于这种错误的理解，她错过了交到一位好朋友的机会。之所以出现这种结果，就是因为她内心深处形成了错误的观念，而这种观念反过来又影响了她对男士做出的反应。

这只是一个能够说明"观念将会如何影响我们的生活"的例子。在谈到经济问题的时候，观念的作用会变得更大一些。所以我们必须学会去认清真正的现实，而不是一味地坚持自己的观念。

如果想要投资，获得成功，你就必须停止这种三心二意的状态。但外部思维会一直告诫我们要小心求全，耐心等待，完美的交易一定会出现。

对于大多数人来说，我们之所以会错过那些绝佳的机遇，罪魁祸首就在于这种错误的思维方式。我们之所以没捕到鱼，就是因为我们无法走出自己过去的阴影。

我们只看到过去的失败，这会使得我们越来越小心求全。就好像前面说过的那位年轻人一样，只有在得到老人的鼓励之后，他才敢将自己的小船驶进深水区。

投资也是如此。其实我们每个人都有机会过上富足丰饶的生活，但你必须事先做好准备。你必须做一些跟以往不同的事情，要想改变自己的生活，你首先必须改变自己的行为。爱因斯坦曾经说过，这个世界上最疯狂的事情就是：总是重复一件事情，却希望得到不同的结果。思路决定出路，所以如果想要寻求到新的出路，你就必须换一种不同的思路。

我们每个人都有自己的一套核心观念，它们在我们很小的时候就已经形成，但它们却可以塑造我们的未来，并最终决定我们的命运。如果这些价值观是错误的，它们就会阻碍你成长，成为你前进道路上的障碍，所以你千万不可掉以轻心。

表面上看来，你可能说自己想要变得富有，但在内心深处，你的核心价值观却告诉你，由于财富本身就是一种罪恶，所以你根本不可能发大财。如果想要在精神上保持纯洁，你就必须保持贫穷。

这种"精神纯洁者"对于金钱的错误观念实在是数不胜数，所以我也不知道该从哪里开始说起了。曾经有人告诉我，在他们所认识的人当中，曾经有很多人在有了钱之后就不再去教堂，所以说金钱一定是一种罪恶。可另一方面，我也认识很多穷人，他

> 准备是最重要的，诺亚不是在下雨之后才开始造方舟的。

们没去教堂，而很多富人却去教堂。所以问题并不在于金钱本身，问题的关键在于我们的核心观念。

人并不是生来就贫穷，真正让你变得贫穷的，是你自己。我们来到这个世界上，是为了过上让自己满意的生活，而如果你坚持不去改变自己的核心信念，你就会不得不一直在为赚钱而烦恼。很多人也曾经接受过很多理财方面的培训，但这些培训最终却没真正改变他们的生活。这些人之所以仍然贫穷，是因为虽然他们周围布满了财富，但在他们看来，自己的生活当中仍然充斥着失败。他们的想法是贫穷的，所以他们只能过上贫穷的日子。你的大脑会想尽一切办法来证明你的核心观念是正确的，所以你必须改变自己的核心观念，坚信自己来到

这个世界上就是为了要过富足的生活。

毫无疑问，你的核心价值观会促使你作出一些让你损失金钱的决定。你会做出一些糟糕的投资，你可能会因此被套牢，因为你的大脑坚信你应该保持贫穷。有可能在你的内心深处，你坚信财富是一种罪恶，还有可能是你坚信自己不配取得成功或者是获得财富。你可能认定自己并没有足够的能力或天赋来获得巨大的财富。不管出于什么原因，你都必须主动做出改变，直到你的观念跟现实达到一致。

如果你认为自己的智商只能达到 3 分～4 分（满分 10 分），哪怕有人告诉你你的智商可以达到 9 分，你的大脑也会拼命阻挠这种信号，让你坚信自己的智商只有 3 分～4 分。结果你也就只能维持 3 分～4 分的水平。所以要想改变自己的命运，你必须真正看清自己的实力，改变自己的观念，只有这样，你才能最终到达自己想去的地方。

从现在开始，相信自己，开始努力改变自己的核心信念吧！为自己设定目标，去为实现这些目标而调整自己的信念。不断更新自己的心态，并最终克服内心深处那些阻碍你前进的力量。每一天都要向前迈进一步，每天都要克服一些自己内心的恐惧，向着自己的目标前进。努力调整自己的心态和观念吧——你的心态和观念离现实越近，你就越能真正发挥自己的潜力。

好了，现在就开始，在行动计划上写下你准备如何改变自己的核心观念。一旦做到这一点，你会为自己所蕴藏的潜力大吃一惊。你不会再怨天尤人，将一切归罪于周围的环境，也不会让你的过去主宰自己的未来。

行动计划

树立信念

你是否遇到过以下情况：

1. 表面上你说想要成为有钱人，但在内心深处你认为自己不可能发财。

2. 表面上你为自己设定了目标，但在内心深处你认为自己根本无法实现。

3. 表面上你想要取得成功，但在内心深处你认为自己没有足够的能力取得成功。

如果你的确如此，那么一定是你的核心价值观在阻碍你前进。现在开始，改变你的核心价值观，重新写下自己的信念：

1. _____

2. _____

3. _____

4. _____

5. _____

6. _____

7. _____

8. _____

9. _____

10. _____

记住：喷泉的高度不会超过它的源头；一个人的事业也是这样，他的成就不会超过自己的信念。

——〔美〕林肯

第 **7** 章

打开机遇之窗

OPPORTUNITY

行动计划：不要错失良机

为什么安德森会错失赚取百万美金的机会？
安德森的父亲失业后，为什么收入反而会增加？

小时候，父亲经常会给我讲一些非常有趣的故事。让我印象最深的就是他常常指着某个东西，告诉我那就是他发明的。比如说他曾经告诉我是他发明了滑雪板。上个世纪50年代的时候，他和朋友找来了一块木板，在上面拴了两条带子，然后他们准备带着它去"滑雪"。要是父亲当时把自己的这个想法付诸实践，我们家现在恐怕早已是亿万富翁了。

无独有偶，上世纪90年代早期互联网刚刚崭露头角的时候，我也有过一个非常有趣的想法。当时我经常买卖汽车。于是我想，要是我去找到那些交易商，让他们缴纳一点点费用，帮他们把汽车的照片发到网上，这样，买车的人就不用再跑来跑去四处搜集资料，只要点点鼠标，就能找出自己想要的车了。

我甚至开始四处征求大家的意见，准备将这个想法付诸实施。但是我却一直不敢确定这个想法是否真的能成功。今天，AutoTrader.com（创建于1997年，总部设在美国亚特兰大，是著名的二手车交易网站。它拥有超过10万条来自全美各地的二手车交易信息，每月平均有600万访问者。——译者注）在任何时间都会有至少300万辆汽车在线。考虑到该网站每辆车收费75美元，乘以300万，这自然是一笔不小的收入。就这样，我本来完全可以建立自己的 AutoTrader，但我没有做好准备。参照前面的说法，我一直都没有下定决心将自己的渔船驶入深水区，去收获生命中本来会有的财富。结果呢？我只能眼睁睁地看着 AutoTrader 变得越来越大。

由此可见，我们每个人本来都有足够的潜力和机遇去实现一些宏大的梦想。但正是由于我们自己的眼界和信念有限，结果就会把那些本来宏大的梦想变得渺小。**所以要想取得大的成就，你就必须首先让自己的内心变得宏大。**

在我年少的时候，我的家境并不好。事实上，由于家境贫穷，我有时甚至只能得到一个垃圾桶作为圣诞礼物。父亲当时每小时的工资只有 4 美元，所以他不得不每个星期工作 100 小时。只有这样，他才能赚到足够的钱支付家里的分期付款和其他所有账单。

后来父亲的工资稍微涨了一些，我们的家境也稍微有了一些改善，父亲对此大感满足——他根本没有想过要去发大财，在他的核心信念当中根本没有这一条。

后来帮助我的父母改变思路，并最终成为百万富翁的，还是他们自己。我母亲在一张磁带上录下了所有她想到的能改变自己思路的话语，然后她每天 24 小时不间断地播放，聆听自己的声音告诉自己："你一定能够成功。"无论是散步、休息，还是吃早餐的时候，她都在听。这些做法最终改变了我的父母。他们不再只想着保持贫穷，而开始考虑如何让自己的生活变得富足了。

当你开始重新思考自己的生活，按照亿万富翁的方式看待这个世界时，你的核心观念就会跟亿万富翁保持一致，你的思路也就会变成亿万富翁的思路，你的行事方式也就会变成亿万富翁的行事方式了。

当你反复地聆听亿万富翁的话语时，你就会改变原有的核心观念。

你可能曾经努力想去改变自己的经济状况，但最终却没有成功——因为你的思路仍然没有改变。而要想真正改变自己的思路，你需要每天暗示自己，改变自己的思维方式，直到最终将这些思维方式嵌进你的大脑，让它们成为你自动自发的思维方式，最终你的生活就会发生彻底的变化。

当你的核心价值观念发生变化时，你整个人都会随之发生变化。无论你走到哪里，你都会变得快乐而富足。一旦一家公司聘用你，这家公司就会变得更有价值。当你的思路和核心价值观能够达到亿万富翁的水平时，你所做的一切都会发展得更快。

这个世界上有两种奇迹。

第一种是发生在你身上的奇迹。多年前，我母亲曾经被诊断患有风湿性关节炎。当时医生告诉我母亲，过不了6个月，她就会需要一把轮椅。为了母亲能够健康，我们每天祈祷上帝保佑母亲能够平安。直到今天，母亲还是活得非常健康，而且从来没有坐过轮椅。知道这件事情的时候，那位医生说这简直是个奇迹。这就是我所谓的"发生在你身上的奇迹"。

在母亲那件事之前，我曾被垒球击中过眼睛，医生说我的一只眼睛可能会失明。但我最终凭借自己的信念渡过了这一关，至今，我的眼睛仍然完好无损，而且视力也保持得很好。这也是一个发生在我身上的奇迹。

第二种奇迹是那种"为你发生"的奇迹。就好像前面老人与年轻人的故事中提到的那样，如果老人只是说，"嘿，年轻人，你想要鱼吗？还是我来帮你吧。"如果那样的话，这个故事将会是完全不同的结尾。

但老人并没有这样做，他选择了让年轻人自己去努力——在改变年轻人当天的收获之前，他首先改变的是年轻人的思考方式。"授人以鱼，不如授人以渔"，直接给人鱼只能是一时的，而一旦一个人学会了捕鱼，他这一辈子都会有鱼吃了。

这个世界上那些最伟大的奇迹往往都是因为你内心的变化才发生的。这种变化一旦发生，就可以彻底改变你的一生。

上个世纪 80 年代早期的时候，我父亲失业了。7 个月的时间里，他一直在等待着上司能够重新聘用他，可一直没等到上司的消息。他当时压力很大，要照顾我们，要付很多分期款，还有很多其他责任要承担。可以想象，如果这时父亲突然得到了某位远方亲戚的遗产，我和弟弟一定会兴高采烈地冲到大街上的。那可就真是太妙了！

可如果是这样的话，我父亲根本就不会成长，他也就无法实现后来生命中那些更大的奇迹了。真正改变父亲命运的，是他信念的改变。父亲告诉自己："不用担心，你一定能渡过眼前的难关。"他坚信自己一定能够得到自己需要的东西。

在那段日子里，父亲干过二手车买卖，给人粉刷墙壁，修理窗户。结果，虽然他的工作时间没有以前那么长了，但他的收入却比前一年增加了 2 万美元。就这样，失业不仅没有让父亲穷困潦倒，反而让他的收入有所增加。

为什么父亲可以创造这样的奇迹呢？虽然当时的情况对父亲非常不利，但他还是下定决心，要克服所有的困难。父亲加入了当地的教堂工作，后来被派到亚利桑那州的阿帕奇。当时没有人相信父亲能够成功，就连父亲本人都不知该怎么做。他当时只有 28 名教徒，所居住的教堂也仿佛一阵风就可以吹倒。但父亲早在 10 年之前就创造过奇迹，所以他坚信自己一定能创造更大的奇迹。正是在这种信念的支持下，他开始着手发展自己的教徒。很快，一个奇迹接着一个奇迹，父亲最终在自己的事业领域里取得了成功。

直到有一天，父亲想去建一座大楼。他告诉自己："这可是一项大工程，恐怕至少需要 200 万美元。我们可承受不起这种分期付款。"

可即便如此，父亲还是决定要动手去实现自己的目标。他前往银行谈判，希望能够得到一些贷款，可银行对此表示拒绝。他身边所有的人都说他不可能拿到 200 万美元，可父亲知道，他一定能够做到。

就这样，虽然遭到所有人的质疑，可父亲还是坚持去做自己认为应该做的事情。日复一日，他尝试了各种办法，大楼也终于开始在一片喝彩声中破土动工——直到今天，那栋大楼仍然屹立在亚利桑那州的阿帕奇。

可事情并没有到此结束，父亲后来又决定建造一座更大的大楼。结果可想而知，他又成功了。人生就是如此，如果父亲当时没有创造第一个奇迹，在第一次遇到困难的时候就止步了，他就不可能创造第二、第三个奇迹。他是美国历史上最幸运的人之一，他也用自己的幸运为千万人带来了福音。

每个人面前都摆着许多令人难以置信的机遇，我们需要做的，就是去努力把握这些机遇。刚开始时，你好像是在完成一个不可能的任务，但随着工作的逐渐推进，你的内心会逐渐发生变化，从而导致外部的变化，最终，当万事俱备的时候，成功自然也就水到渠成了。许多做过企业的人都曾经有过这样的感觉，只要你做好了准备，你的公司从 10 个人增加到 100 个人要远比你想象的快得多。

> 这个世界上最疯狂的事情就是：总是重复一件事情，却希望得到不同的结果。

生活就是打开一个个机遇之窗的过程，很多人之所以会错过这些机遇，是因为他们没有做好准备。他们没有认真改变自己的内心世界，没有考虑到如何为自己的将来去更加努力地获取知识和智慧。

在听到我父亲的经历之后，很多人都为他感到难过，在他们看来，父亲经历了太多的困难，他的人生一定非常痛苦。但事实恰恰相反，父亲这一生看到了许多人都没有机会看到的风景，他在不同的经历中不断地进行自我调整，他应对困难的能力越来越强，他所到达的人生境界也越来越高。

每遇到一个新的挫折，我们都不妨把它当成一个新的机遇之窗，一个创造奇迹的机会。当机遇来临时，一定要努力把握，否则你就会与机遇失之交臂。

一个人先入为主的观念会决定他的物质生活所能达到的水平。你的思维方式会左右你的购买模式、投资理念以及行为方式。我们每天都要作出各种不同的决定，其中有95%都是不假思索的。在大多数情况下，人的大脑就像是一个自动导航系统，你只是在对外界做出机械的反应而已。这就犹如开车，你并不会考虑该如何刹车，如何踩油门，你只要直接刹车，直接踩油门就行了。

不幸的是，对于大多数人来说，他们很难识别眼前的机遇。由于他们的内心并没有做好准备，所以他们根本意识不到眼前的机遇将会有着怎样的意义，或者很多人只是被动地坐在那里——等待命运的垂青，希望成功能够直接来到自己的面前。

好了，现在就开始，在你的行动计划上写下你的决心，告诉自己：在下一个机会来临之前，你准备做些什么？

不要错失良机

在下一个机会来临前，你准备做些什么？

1. _____

2. _____

3. _____

4. _____

5. _____

6. _____

7. _____

8. _____

9. _____

10. _____

11. _____

12. _____

13. _____

14. _____

15. _____

记住：善于捕捉机会者为俊杰。

—— 〔德〕歌德

第 **8** 章

如果不敢冒险，
你就已经失败了

US1,000,000,000US1,000,000,000US1,000,000,000US1,000,000,000US1,000,000,000US1,000,000,000US1,000,000,000US1,000,0

YOU ALREADY FAILED IF YOU DON'T TAKE RISKS

行动计划：勇于冒险

为什么有钱人在破产后，依旧能东山再起？
两岁的儿子做出什么举动，竟让安德森大吃一惊？

如果你问任何一位亿万富翁他们是如何取得今天的成就，答案肯定是"敢冒险！"如果不敢做一些出格的事情，你就根本不可能取得成功。大多数人之所以一辈子碌碌无为，就是因为不敢冒险。亿万富翁之所以能成为亿万富翁，就是因为他们敢于出格，敢于抓住机遇。**可能你会问："如果失败了怎么办？"可亿万富翁则会说，"如果不敢冒险，你就已经失败了。"**

每一位亿万富翁都经历过比你我多千万次的失败。大多数亿万富翁至少有过一次破产经历，有的破产过好几次。大多数亿万富翁至少经营过 3 家企业。他们都在进行风险投资的时候失去成百上千万美元，可他们今天仍然成为了亿万富翁。

另一方面，我们从来没有经历破产，从来没有在生意上失败过，也从来没有失去过 100 万美元，但我们每月还是会为了付清所有账单而发愁。两者之间的区别在哪里呢？风险！

我只用了 1 年时间就成为百万富翁。我是怎么办到的呢？敢冒险！当我开始像亿万富翁那样思考风险的时候，我的人生就开始发生了变化。虽然身边的人都告诉我："土地一定会跌价，所以千万不要买，不要冒险。"我告诉他们："如果不冒险，我就永远摆脱不了现在的经济状况。"即便土地价格真的下降——这也是最糟糕的情况了——我也只不过恢复到现状罢了。只要明白了这个道理，我就会不断地尝试，我相信自己总有一天会取得成功的。

生活本来就充满了风险。我们每天都会面对各种各样的风险。如果你想要在生活中取得成功，就必须去尝试一些东西，抓住一些机会，进入一些你从未涉足过的领域。大多数人都只是在夸夸其谈，但却从来没有投入更多时间进行尝试。有钱人则不会这么做，他们更愿意付诸实践。

一方面你要不停地学习，但另一方面，你也要学会实干，用你所学到的东西帮助自己取得成功。如果你只是口头说说，告诉每个人你想要努力，想要出人头地，但却从来没有采取实际行动来证明自己的决心，那你就只能是空谈，最终将会一无所获。

不知你是否接触过那些典型的空谈者，他们在过去的 10 年～20 年里一直在讨论一个"绝妙的创意"，并且费尽口舌让你相信他们的创意真的能带来滚滚财源。可在实际生活中，他们仍然日复一日地重复自己的生活，20 年之后，如果再次见到他们，你会发现他们的生活仍然没有任何改变。

要想成为亿万富翁，一个最重要的原则就是要学会实干。在现实生活中，任何事情都会伴随着一定的风险，而这些风险也会给我们带来切实的回报。这个世界上从来没有不带风险的回报。

要想从爬学会走，你就不可能不冒摔倒的风险。当一个婴儿下决心不要让自己一辈子在地上爬的时候，他就会一次又一次地跌倒，又一次一次地爬起，直到最终学会走路。如果不敢去冒险，他就永远不可能学会走路。

如果你想要跟人约会，那就需要学会承担被拒绝的风险，要敢于主动邀请别人出去。在取得成功之前，你可能会被拒绝 6 次甚至 7 次，但没关系，因为你最终一定会取得成功。遇见我太太之前，我也曾心碎过很多次。但我最终还是再冒了一次险，所以才得到了今天的回报。

要想有所收获，你就必须承担风险。我的大儿子拉肯 (Laken) 学习滑板的经历就是一个很好的例子。

刚开始的时候，他根本不敢做任何有危险的动作，只是坐在滑板上慢慢滑动。可最终他还是决定站起来。他想要从山顶上滑下去，做各种不同的动作，结果滑板从他身子底下滑了出去，他的胳膊肘也擦伤了——伤得非常严重。

接下来再去玩滑板的时候，他还是坐在上面，刚开始的时候，他感觉自己很酷。于是就保持这种姿势，直到朋友们开始走到他面前，做各种动作。看到朋友们可以做各种高难度的动作，可自己连腿都不敢抬，拉肯感觉有些沮丧。他试着站起来，可结果又重重地跌了一跤。但这并没有让他放弃，他想要跟伙伴们一样做各种动作，于是他站起来再试。就这样，他一次又一次地跌倒，可每次跌倒后，他都站起来，拍拍身上的尘土，接着再试。

这个世界就是如此，要想取得任何成就，你就必须敢冒风险。你可能会犯一些错误，跌倒在地，但你必须站起来，重新来过。失败并不会让你成为失败者，只有停止尝试才会。你必须相信自己，一次又一次地尝试，直到取得成功。根据统计，平均来说，人们会在赚到自己的第一个 100 万之前失败 9 次。但我敢向你保证，第 10 次尝试所取得的成功将足以弥补你在前面 9 次遭受的所有失败。

我相信，生活就像一个垄断游戏（Monopoly）。你的垄断游戏玩得怎么样？你是否因为害怕承担风险而停止购买更多资产，只是满足于四处收取 200 美元的费用呢？如果按照这种玩法，你最终还会成为赢家吗？不可能。只有那些不停地四处购置资产，四处盖楼的人才会成为真正的赢家——在现实生活当中也是如此。如果你只是每天按部就班，上班下班，不敢去冒任何风险，你就不可能真正改变自己的生活，更不可能成为亿万富翁。而另一方面，只要学会把握机会，你就会在不知不觉间成为命运的主人，赢得自己的生活。

"赢"是一个动词，要想赢，你就必须采取行动。仅仅做一名聆听者和幻想者并不会帮助你取得任何成就，你必须学会行动。这个世界上有很多敢于冒险、敢于采取行动的人最终都得到了回报，这样的例子有很多。

试问一下，如果今天有人告诉你："跟我一起走吧，我可以给你一片新的土地，让你成为亿万富翁。我会为你做很多事情，帮你实现自己的梦想，但你必须离开家人，离开自己熟悉的城市，去到一个你从来没去过的地方。"你会怎么办？

大多数人都会说："我不喜欢这样，因为我并不确定现在时机是否合适。我可以等到在银行里存了足够的钱吗？"我们不敢这样做，可有些人敢——所以他们才成了亿万富翁。

通向成功的路程本身就是一场战斗。你在沿途会遇到各种各样的困难，要经历各种各样的考验，甚至需要很长很长的时间，但是即便如此，如果想要达到路程的终点，你就必须采取切实的行动。

我相信很多人都会满足于"衣食无忧"的生活，而且很多人相信，无论攒了多少钱都不会满足，所以与其如此，还不如干脆放弃："只要够用就行了。"正是这种思维方式造就了普通人与亿万富翁的区别。

我父亲让我知道了数字的力量。他给我举过一个车库销售的例子。

如果你刚开始的时候能赚 5 美元，然后将你的收入每星期增加 1 倍，在第 36 个星期结束时，你就会拥有 100 万美元。这就是数字的力量。当你开始做投资时，你所拥有的数字就开始增加，因此你也就有了创造奇迹的机会。

正像我前面说过的那样，要想改变自己的命运，你首先必须改变自己的思想。除非你想要去做一件事情，否则你是不会有所行动的。如果根本不打算去买一栋房子，你就根本不会采取任何行动——而如果是那样的话，你的资产也就不会在接下来两三年的时间实现增值了。可如果你在 3 年前买下了一栋房子，你就等于为自己的将来埋下了一颗种子，这样你所承担的风险最终必将为你带来巨大的回报。

我曾在 6 个月的时间里接触过 5 位教人们如何致富的人。我相信：在这 5 人当中，至少有 4 位是破产者。因为他们只是在告诉人们该如何做，可如果只是一味夸夸其谈，而没有采取任何实际行动的话，他们的生活就根本不会有任何改变。

我希望每一个读到这本书的人都能够像我那两岁的小儿子佩顿那样有毅力。

记得有一天，我开车带佩顿外出，当时我把他放在后排的座位上，并系上了安全带。走到半路，我想去买些柠檬水。于是我把车子停在索尼克（Sonic）门口，去买了桶柠檬水，接着我们继续上路。

我把柠檬水放在身边，这时坐在后排的佩顿说道，"爸爸！

我要喝柠檬水!"

　　我说道:"好啊,宝贝,马上给你。"可由于我正在开车,所以一时无法转身递水给他。后来我终于把车停到路边,于是我转过身去,用力扭过身子,给他喂了一口水。

　　他小口喝了几次,然后我把水拿到前排,转过身子,继续开车。这时只听小佩顿又叫了起来:"爸爸,我要喝柠檬水,我要喝柠檬水!"

　　我说道:"不,孩子。"可他还是坚持要喝。我告诉他等回家再喝,可他开始大哭起来,我告诉他,如果他还继续哭的话,我就一口柠檬水也不会给他。这下他哭得更响了,在后排用力挣扎起来,好像疯了一样。

　　这时我发现油箱里面的油不多,于是我把车子开到加油站加油。正在等待加油的时候,我透过车窗突然看到了让我大吃一惊的一幕:小佩顿刚刚挣脱了安全带,爬到了前排,开始大口喝起柠檬水来。我慢慢走回车子里,他立刻缩了回去,系好安全带,就好像什么事都没有发生一样。

　　想想看,当我们想要一样东西时,有多少成年人每天都只是坐以待毙。我们想要突破那些束缚我们、限制我们的东西,去获得真正的自由,实现自己的理想。而要想做到这一点,秘诀只有一个:**行动**!

　　曾经有人来问我:"斯科特,当你谈到自己的财务状况等问题时,你的话让我们中的一些人感觉自己还没有达到那个水平,这让我们感觉非常沮丧。"

　　当你开始学习,改变自己内心的时候,你会发现自己的生活也在随之发生着变化。但如果你因为自己认识的某个人取得了一些比你更大的成就，或者他们生活在比你高一个档次的层面上就不开心的话，那问题就在于你了。或者说得更具体一些，问题就在于你的目标。你并没有变革自己的目标，不愿去采取必要的行动，承担必要的风险。你不愿意脱离那些自己已经熟悉的东西，所以你会对那些能够做到这些的人感到生气。

一时的热情只能带来一时的变化，但这并不意味着你的内心已经发生了变化。它也不意味着这种变化能够持续下去。一时感到兴奋是一件好事，但如果这种兴奋不能让你有所行动，它就毫无意义。

如果你对自己的现状感到不满，这只能说明你并没有准备做出改变。让我再重复一次，如果你对现状感到不满，这只能说明你仍然打算保持现状，并没有想到要做出任何改变。

还是让我来举个例子吧。

我有一部非常漂亮的翻盖式手机。但过了几年之后，这部手机的翻盖开始磨损，于是每次打电话的时候，我只能用两只手捂着它来完成通话。毫无疑问，这让人感觉很不舒服。后来我每次拿起这部手机的时候，我就开始冲着它臭骂一顿，告诉它我是多么讨厌它。

终于，在一个星期五的早晨，我决定要采取行动了。于是就在接下来的星期一，我去买了一部新手机。从那一刻起，我就再也没有为手机烦恼过。一看到那部旧手机，我就不禁大笑起来，因为我心里非常清楚，过不了几天它就该下课了。所以虽然在那个星期六和星期天我仍然在使用那部旧手机，可心态却已经明显不同了。知道了那部手机将要退休之后，我就再也没有为它感到任何烦恼了。

这是因为你非常清楚自己内心正在发生真正的变化，所以你再不会为这些问题而烦恼了。一旦决定开始行动，你的决心就会改变一切。当我知道有些事情即将要改变自己的人生时，我不会让周围的情况影响自己。虽然我当时可能并没有 100 万美元，但我的想法已经发生了变化。我知道一些更美妙的事情即将发生。

虽然我所处的环境还没有发生变化，但我仍对自己的人生感到兴奋不已。当看到有人因为我而发生了变化，有人因为我而生活得更好，我就会感觉非常幸福。当我看着自己的破手机不知道该怎么办的时候，我就会想，"为什么别人都有漂亮的手机，而我却扔不掉这个破玩意儿呢？"可一旦知道自己再过两天就可以得到一部新手机后，所有这些烦恼就都没有了。

要想成功，你就必须做一些能让自己成功和开心的事情。你必须相信自己能成功，能变得幸福，而不只是坐以待毙。你必须去冒险，否则你就永远不可能脱离眼前的处境。

收购土地就是一项冒险活动。你们当中的一些人可能明年就会从事这项活动，有些人还需要几年时间来做准备。但我的建议是：一旦有了这个能力，你们就应当立刻学会投资土地。我相信，投资土地是这个世界上最好的投资之一。我可以保证，你一定听说过这句话，"哦，上帝啊！我还记得当初那块地只卖 2 万美元。"或者"要是当初我用 5 万美元买下那块地就好了！"然后他们就会说："要是我今天买下这块地，再过 2 年，它就会变成……"或者"我几年前花了 40 万美元买下了这块地，现在它价值 100 万美元。"

我知道，3 年前，你可以在我正准备盖楼的那座城市买到很多每公顷 15 万美元的土地，但现在同样一块土地每公顷要价 50 万美元。要是我 3 年前知道这一点，我就会买下更多的土地，然后每公顷获得 35

万美元的收益。每次一想到这些时，我就会告诉自己："为什么不现在动手呢？"

当然，在作出最终的决定之前，我一定会做一些研究，进行一定的数据分析，想明白自己究竟该做什么，然后我会告诉我自己："好了，可以行动了！"3年前价值15万美元的土地如今价值已经增加到了50万美元。我的收益是35万美元，即便扣除从银行贷款的利率，我的收益率仍然大大超过50%。如果我从银行贷款的利

> 人性最可怜的就是：我们总是梦想着天边的一座奇妙的玫瑰园，而不去欣赏今天就开在我们窗口的玫瑰。

率是5%或6%，我就可以获得更多的回报，这不能不让人大吃一惊。

于是就在当年的11月，我花21.5万美元买下了一块土地。第二年1月，我以27.5万美元的价格出售了这块土地。2个月内，我赚了6万美元。这是不错的收益，对吧？这是一般亚利桑那人2年的收入，而我在2个月的时间里就做到了。

你会发现，在这个过程中，我必须采取行动。我必须去勘察土地，申请贷款，签署各种文件，做出购买的承诺。我必须确保我在银行的信用值足够高，必须去大胆承担一些风险。

用一块地皮赚到6万美元当然很棒，但是如果能在这块地上盖上房子，你就能有机会赚更多的钱。这正是我接下来要做的事情。要想建造430平方米的房子，我就需要投入58万美元。一切工作完成之后，我在这块土地上的投资就已经达到了100万美元。

我的这座房子每平方米的造价是1 200美元～1 300美元。但据估计，这座房子的价格当时已经达到了大约每平方米4 000美元。就这样，虽然房子还没有建成，但估价已经达到了每平方米4 000美元。也就是说，即便是在最糟糕的情况下，我也可以把房子卖到161万美元，获

得 61 万美元的利润。不错吧！我是一个建筑商吗？我是拿着锤子盖房子的人吗？不，我只是敢于做一些出格的事情、敢于承担风险罢了。

所有这些你都可以做到，我并没做任何你做不到的事情。人生就像是一条河流，我们每个人都有机会拥有财富，但我们必须有所行动，承担风险。所以我们还是要敢于承担风险，给自己一个机会，让自己的人生从此改变。学会跟一些人建立合作关系，开始学习，学会跟人分享你的计划和心得。如果 6 个人一起完成了这个项目，你们每个人就会有机会赚到 10 万美元。

我所做的事情跟那些早就赚到了 100 万美元的人并没有什么不同。如果你仔细研究一下那些百万富翁的生活，你会发现他们并不是坐等天上掉馅饼。他们之所以能有所成就，就是因为他们敢冒风险。如果你敢这样做，你就有机会取得成功。既然我能做到，你也一定能做到。

好了，现在就开始，在行动计划中写下你的决心，告诉自己："我要成为一个敢于冒险的人。"你会做一些以前没有做过的事情，给自己一个机会，让自己的人生从此变得不同。

勇于冒险

现在开始，做些自己以前从来没有做过的事情：

1. _____
2. _____
3. _____
4. _____
5. _____
6. _____
7. _____
8. _____
9. _____
10. _____
11. _____
12. _____
13. _____
14. _____
15. _____

记住：走得最远，常是愿意去做，愿意去冒险的人。

—— 〔美〕卡耐基

第 9 章

学会用银行的钱

US1,000,000,000US1,000,000,000US1,000,000,000US1,000,000,000US1,000,000,000US1,000,000,000US1,000,,000,000US1,000,

BILLIONAIRES USE THE BANK'S MONEY

行动计划：提升信用级别

为什么有钱人认为银行债务增加了 10 万的安德森在进步？
为什么安德森会选择报价较高的泳池建造公司？

从经济的角度来说，我们大多数人最想要的是什么？如果你问一下身边的人，相信 10 个人当中有 9 个会这样回答：脱离债务。听起来绝大多数人都有"无债一身轻"的想法。也就是说，我们的目标就是将债务清零。

亿万富翁可不这么想。他们并不想回归到零，而是想着如何突破 10 亿大关。我们大多数人都在付双份的车款，在付更多的房款，所以我们总是想着付清所有的债务，感觉那样会让自己在经济上更加自由。

可亿万富翁的想法则截然不同。如果我能用 6% 的利率从银行那里借到钱，只要我的投资收益率不低于 7%，我就可以用银行的钱让自己赚得更多。当然，这还不包括我因为投资而减免的税收。

去年的时候，我用自己的房子做了二次抵押贷款，结果从银行里借到了 10 万美元。是的，这样做的确让我每月的房款增加了 500 美元，债务也因此增加了 10 万美元。在世人看来，我似乎是在退步；而对于有钱人来说，他们更关注的是我后来用这 10 万美元赚了 100 万美元。我付给银行 6% 的利息，大概是 6 000 美元。可仔细一算账，我用这笔钱赚到了 100 万美元，收益率约为 1 000%。在世人眼中，我是在退步；而在有钱人看来，我是在跳跃着前进。当我决定二次抵押贷款时，很多人都告诉我这是一个错误："行了，斯科特，还是继续付清那笔房款吧。"而我则不断地告诉这些劝告我的人："有钱人可不是这么想的。"

今天我在银行里存的钱比任何时候都多，但债务也比以前更多。我的欠债总共达到1 300万美元。当然，这笔欠债也给我带来了上千万的收益。如果没有这些贷款，我就永远不可能赚到这些钱。

有钱人知道，**这个世界上的债务有两种，一种是好的债务，一种是坏的债务**。所谓坏的债务，是指那些会影响到你赚钱能力的债务；好的债务则会给你赚更多钱的机会。所以你必须改变自己对于债务的思考。

谈到债务，接下来我要跟你讨论一下你最重要的资产之一——你的信用值。很多人都没有意识到，赚到和挥霍百万美金的关键区别就在于你的信用值。

首先我想先谈一谈诚信的重要性，以及诚信与信用值的关系。

必须承认，并非所有的亿万富翁都有诚信。他们当中的很多人是踩着别人的肩膀爬上去的，会在背后捅人刀子，也会在达成交易之后出尔反尔。而且他们当中的很多人还会酗酒、吸毒，他们的生活当中没有平静。他们虽然赢得了这个世界，但却失去了自己的灵魂。

但我需要指出的是，在这个世界上人永远比钱更加重要。你一定要把这句话牢记在心。我永远不会为了金钱而出卖亲人或朋友，所以我从来不会为了金钱而欺骗某人，也不会为了金钱而故意冤枉某个人。对于我来说，人际关系要比金钱更加有价值。赚钱非常容易，但要跟人建立良好的关系却并不是一件容易的事情。

我们必须明白，人来到这个世界上就是需要建立关系组带。你的DNA里就包含这种需要。你来到这个世界上是为了爱别人，同时也是被人爱的。我们每个人来到这个世界上都是为了享受快乐、安宁和成功。

在猎豹的 DNA 里，就有一种追杀斑马的本能需求。只有在追杀斑马的过程中，猎豹才能体会到一种真切的生命感。可如果你把猎豹放到动物园里，没错，那样它的确会衣食无忧，可这会磨灭猎豹的本性。你的生活可能也达到了一般水平，但我告诉你，除非你能够跟自己周围的人建立起良好的关系，否则你就会像那头猎豹一样，被套住了！所以你一定要把"人"放在比金钱更加重要的位置上，要把人际关系看得比金钱更加重要。

试想一下，就算你成了一名亿万富翁，但你的孩子却染上毒瘾，那金钱又有什么意义呢？你的确拥有了金钱，但在这个过程中你却失去了婚姻。可是，如果懂得人际关系的重要性，你不仅可以做出自己的蛋糕，而且还可以享用它。我就是一个很好的例子，我不仅拥有了金钱，而且拥有一个美好的婚姻。我不仅过上了富足的生活，还跟我的孩子们建立了非常好的父子关系。为什么？因为我懂得把人际关系放在生活中最重要的位置上。

记住这一点后，让我们继续讨论诚信。诚信是一个人所能拥有的最伟大的品质之一。诚信的对立面是口是心非。通常来说，口是心非意味着表里不一。诚信则意味着能够保持前后一致。

记得很久以前，我打算在家里后院的草坪上修建一个游泳池。因为要从银行贷款，所以我给几家公司打了电话，希望他们能给个报价。

其中有一家公司一直动作缓慢，拖拖拉拉。因为夏天就要到了，天气变得越来越热，所以我慢慢变得有些着急了。就在这个时候，另外一家公司给我发来了报价，由于时间很紧迫，所以我毫不犹豫决定接受第二家公司的报价。

可就在我作出这一决定的第二天，第一家公司给我打来电话。他们的报价要比第二家公司的报价低3 000美元。遇到这种情况的时候，很多人都会想办法取消跟第二家公司的合作，转而接受第一家公司。可我没这样做，既然已经作出了承诺，我就应当兑现它。这就是诚信。对于我来说，当我同意一件事情的时候，我就必须为自己说过的话负责。一个人的诚信绝对不止3 000美元。

结果呢？我的诚信终于得到了回报。几个星期之后，我接受报价的那家公司回过头来告诉我，他们当初计算出现了错误，多收了我4 000美元。毫无疑问，我非常感动，同时也坚信：诚信的人一定会得到应有的回报。

有句谚语说，诚信甚至比财富还要值钱。只要你能够保持诚信，那财富、名誉等等都会陆续来到你的身边。

我曾经见过很多人一夜暴富，但他们的财富只是昙花一现。这种财富之所以无法长久，是因为拥有这些财富的人本身就缺乏诚信。他们可以很轻松地看着对方的眼睛，握着对方的手，答应对方某件事情，可在内心深处，他们根本不打算兑现自己的承诺。我敢保证，如果你按照这种方式做事，即便最终得到了自己想要的金钱和财富，你也不会感到幸福。

那些缺乏诚信的人大都是一些毫无原则的人。当拥有金钱的时候，他们很容易将其挥霍一空，也很容易为了金钱而抛弃自己的配偶，背弃自己的承诺，做事喜欢走捷径，相信这样可以让他们赚得更多。可到最后呢？他们所得到的只有心痛和沮丧……

你的信用值

正如我前面所说，所谓信用，就是指做到言行一致。当你说"是"的时候，你就应该兑现自己的承诺，同样，当你说"不"的时候，你也应该是发自内心地拒绝对方。讲信用的人一定会兑现自己的承诺，说到做到。他们的承诺就像金子一样珍贵。在做生意的时候，他们会按时付款，并且会保质保量地按时完成自己承诺的工作。讲信用的人会有一套完整的工作原则。他们上班不会迟到，下班不会早退，一旦到了自己的工作岗位就会全力以赴地完成自己的工作。

你的工作原则是什么？有人付钱请你做事。那么你在做事时是付出100%的努力，还是会磨洋工，用很长的时间吃午饭，下班早退，晃晃悠悠混日子呢？一定要记住，工作就是在为自己播种。迟早有一天，你所种下的一切都会给你带来收获。好的人品并不是故意表现出来的，它本身就是一种生活方式。

从今天开始，你应该在工作的时候拿出110%的干劲。努力让自己的上司取得成功，如果你能够做到这一点，就一定能够得到回报。如果你在必要的时候做出了优秀的表现，生活的机遇之窗就会为你打开。相反，如果你一直表现平平，摆在你面前的，就只能是平平的机遇。

从财务的角度来说，一个人诚信程度的重要指标就是信用值。一份好的信用评估报告可以让你的投资和生意获得巨大成功。可不幸的是，我发现有很多人都没有表现出足够的诚信，为自己获得更高的信用值。举个最简单的例子，在申请一笔贷款的时候，你就一定要想办法竭尽全力每月按时还款；当你签署一笔协议时，你就是在宣誓要兑现自己的承诺。你的信用值将会决定你每月应当支付的款项和贷款额。

就在去年，当我想要从银行申请几百万美金的贷款时，如果没有一个很好的信用值，我就根本不可能得到贷款。也就是说，我之所以能够从银行争取到数百万美金的使用权，凭的就是我的信用值。

众所周知，一个好的信用值可以帮你在生活当中获取更多的财富和满足，而一个糟糕的信用值，则会让你损失大量的金钱。比如说你想要从银行申请一笔 2 万美元的汽车贷款。通常情况下，银行对于信用值的评估会分为"优异"、"优秀"、"一般"、"糟糕"和"极其糟糕"。银行在收取贷款利息时，会根据信用值的档次来确定不同的利率。打个比方，信用值为"优异"的客户，从银行贷款的利率为 3%；信用值为"良好"的客户，从银行贷款的利率为 5%；信用值为"一般"的，贷款利率为 7%。这样你马上就能看出信用值的实际影响。而那些信用值达到优异的人，他所付的利息自然就会大大不同。具体说来：

表 9.1 信用级与贷款利率的关系（单位：美元）

信用级	优 异	良 好	一 般	糟 糕	极其糟糕
利 率	3%	5%	7%	10%	27%
月支付金额	360	378	396	425	610
总利息	1 550	2 646	3 761	5 500	16 650

注：假设向银行申请 2 万美元的汽车贷款。

在为家庭住房申请贷款的时候，情况也是如此。具体说来：

表 9.2 信用级与贷款利率的关系（单位：美元）

信用级	优 异	良 好	一 般	糟 糕	极其糟糕
利 率	3.8%	5%	6.5%	8.5%	无法获取
月支付金额	1 165	1 342	1 580	1 992	
总利息	170 000	23 3120	31 8800	44 2000	

注：假设向银行申请 25 万美元的家庭住房贷款。

由此可见，你需要为糟糕的信用记录付出怎样的代价。所以你必须想方设法提高自己的信用级别。首先，我们需要了解一下哪些因素会降低我们的信用级别，然后你才能够做出一些必要的改变来修正这些行为，并最终提高自己的信用级别。

5 年前，霍莉 (Holly) 和我也出现了一次支付信用卡利息的情况。我们当时欠了银行 1 万美元。我最终找到一种无需支付任何利息的方法还清了这笔欠款。

要想做到这一点，你需要同时持有至少 2 张信用卡，并且要保持良好的信用记录。你可以给一家信用卡公司打电话，告诉他们你非常喜欢他们的服务，想要把所有的资金都转移到他们公司，但是你要求对方为你当前的欠款免息。由于你一直保持着良好的信用记录，所以对方表示同意。

就这样过了 6 个月，你又给另外一家公司打去电话。再过 6 个月之后，你再重复一遍整个过程。就这样，过了几个月之后，你就可以给信用卡公司打电话，表示希望他们能延长你的免息期限。然后过了 1 年之后，你再重复前面说过的做法。但一定要记

> 一个人如果赚得比你多 10 倍，而在工作上花的时间又不比你多，那么他一定是做了与你大不相同的事。

住，在使用这种方法的时候，一定要首先了解转换信用卡公司所需要的转账费。转账费通常是总金额的 1%。但你可以跟信用卡公司谈判，看看对方是否能够有所松动。

如果一直保持着良好的信用记录，你就可以给信用卡公司打电话，让他们降低你的欠款利率。如果你想要将目前 20% 的利率降低到 6.9%，那么你就需要花费一些时间，这样就可以攒下一些钱用来投资。

总而言之，信用的作用极其重要，所以你需要多加留意，一定要

尽量维持较高的信用级别，这是一个诚信的问题。

当然，我在提高信用级别的问题上也并不是真正的专家，所以如果想要提高自己的信用级别，我强烈建议你聘请一家专门的公司。如今我的信用已经达到了优异级别，但我还是请了一家公司来帮我处理这些事情。为什么呢？因为我坚信一个人的信用怎么高都不为过。

好了，现在就写下你决心要做的 3 件事情：第一，你应该把人际关系放到比金钱更加重要的位置上；第二，你应讲诚信，说到做到，言出必行；第三，你应该尽最大的努力去提高自己的信用级别。

提升信用级别

1. 检查你的信用记录。

2. 到底是什么因素降低了你的信用级别：

   A. _____

   B. _____

   C. _____

   D. _____

   E. _____

3. 如何解决：

   A. _____

   B. _____

   C. _____

   D. _____

   E. _____

记住：世界上的债务有两种，一种是好的债务，一种是坏的债务。所谓坏的债务，是那些会影响到你赚钱能力的债务；好的债务则会给你赚到更多钱的机会。

—— 〔美〕斯科特·安德森

第 **10** 章

你遇到的麻烦比亿万富翁的多吗

US1,000,000,000US1,000,000,000US1,000,000,000US1,000,000,000US1,000,000,000US1,000,000,000US1,000,000,000US1,000,

BILLIONAIRES HAVE MORE PROBLEMS
THAN YOU AND ME

行动计划：做攀登型的问题解决者

小鸡艰难地破壳而出时，为何鸡妈妈只是冷眼旁观？
智商极高的安德森的外祖父为什么会负债累累？
一位从百米高空坠落的登山者又是如何脱离险境？

这个世界上任何事情不是靠凭空想象就会发生。要想让一件事情发生，你必须有所行动。在前进的道路上，你总是会遇到各种各样的挫折，你必须改变自己对这些问题的看法。你不能因此放弃努力，而必须学会克服这些问题——而且它们也是完全可以克服的。

你在生活中遇到的一切都有一种汤姆·兰德里（Tom Landry，NBA 传奇主帅。——译者注）所谓的"阻力"。如果想要在天空翱翔，你必须要克服地球引力；如果想要赢得一场足球比赛，你必须打败对手；如果想要在生活的某个领域取得成就，你同样也必须克服眼前的阻力。你为自己设定了一个目标，如果想要实现它，你也必须在前进的道路上克服所有的障碍。

很多人天真地以为只要祈祷就可以让眼前的困难烟消云散，但事实并非如此。生活总是充满问题，如果事事都一马平川，则生活也必将变得枯燥无味。一座只要抬腿就可攀登的大山登起来毫无趣味；反过来说，只有攀登那些崎岖陡峭的山峰才能给你带来真正的快感。很多人之所以喜欢面对挑战，原因就在于此。

当你面对一些比较宏大的事物（比如说你的事业）的时候，你就会充分激发内心的潜能来努力实现梦想。这时你就会克服许多阻力，最终体味到成功的喜悦。**一般来说，只有当人战胜一些比自己更加强大的事物时，他才会获得更大的满足感。**

在克服这些障碍的过程中，你所遇到的一个问题就是：它们会让你的生活变得更加艰难，它们会阻碍你的计划。我的儿子拉肯曾经为自己安排过一个生日派对。在朋友们到来之前，他想事先做些准备，这样当大家一起打篮球的时候，他就可以有更好的表现。在做好整个计划之后，他告诉我："爸爸，你看，我会跑到这儿，转个身，然后跑到那边，假装这样，然后你就把球给我，我会转身投篮。"

相信大家小时候都玩过这种游戏，我们设想自己每次都能投篮得分，然后观众在一旁疯狂地欢呼。这种把戏每次都能行得通，我们也因此总是误以为比对手更加聪明。

当然，在现实生活中，事情往往并非如此。朋友们来齐之后，拉肯使出了吃奶的劲上场拼抢，可结果跟排练的时候根本不一样。所以在做任何计划的时候，你都必须设法绕过可能的阻力，为所有可能的障碍做好准备。一旦做好了充分的准备，成功很可能就随之到来。

费城鹰队在为"超级碗杯"（Super Bowl，美国橄榄球联赛总决赛的另一种说法。——译者注）做准备的时候，他们经常会练习各种不同的打法。只要对方后卫不在场，他们就总是能够得分。可这并不能让他们赢得比赛。要想成功，他们必须认清自己可能会遇到的阻力，提前规划出克服这些阻力的方案，并且确定你该如何应对这些情况。也就是说，他们必须想清楚怎样才能得分——毕竟，对方的后卫不可能站到一旁，眼睁睁地看着自己的对手得分。

在生活当中也是如此。摆在你面前的阻力是什么？是什么在妨碍着你走向成功之路？你必须找出自己的阻力，想清楚该如何克服这些阻力，并最终取得成功。你必须转换自己的视角，这样才能不被眼前的障碍吓倒。你必须把它们看成是对自己的挑战，只要努力，你就一定可以将其克服。

事实上，许多障碍都是你自己构想出来的，它们其实只是你的心理障碍。同样，在你的事业当中，阻碍你发展的并不是你的邻居或上司。他们并不会妨碍你尝试新事物，获取新想法。你的邻居并不会妨碍你成立一家新公司，你的上司也不会阻碍你进行任何投资。这些东西都不是问题。唯一能阻碍你取得成功的是你自己。你完全可以轻而易举地克服你眼中所有的困难——只要你首先愿意改变自己。

思路决定出路，一个人的想法决定了他的做法，也最终决定了他所得到的结果。**如果你坚信自己不可能取得成功，那么你就不能成功——就是这么简单。**真正需要改变的阻力是你自己，以及你的思维方式。当你的思想开始走向成功的时候，成功就离你不远了。因为这时你的身体将别无选择，只能让你成功。

真正重要的是你生活中的核心价值观念。你内心的一切都会在你的生活中得到最精准的体现。你这辈子能赚多少钱，能取得多大成就，完全取决于你的内心。自然法则就是如此，你的信念和成就将决定你在生活中所能达到的水平。

找到任何一位亿万富翁，看看他们在想什么，你就会发现，他们的外在往往直接反映了他们的内心。你会看到，他们的所作所为，正是他们内心信念和思维方式的外在表现。

你可能仍然在跟自己童年时被灌输的错误观念纠缠不清。如果想要成为亿万富翁，你就必须改变自己的思维方式。要知道，你的内在终究会决定你的外在成就。

我们每个人都在努力地想要过上一种无忧无虑的生活。每次祈祷时，我们总希望上帝能够解除生活中的烦恼。我们相信，只要能够消除生活中的烦恼，我们就会成为世界上最开心的人。可亿万富翁的想法则截然不同，他们知道，生活之所以美妙，原因就在于每个人都会遇到很多问题。而恰恰正是这些问题，富翁才能大发其财。我们忽视问题，亿万富翁则会主动寻找问题；我们想要一种无忧无虑的生活，亿万富翁则知道，生活本来就是一个发现和解决问题的过程。所以要想达到亿万富翁的高度，我们就必须在这点上跟亿万富翁保持一致。

　　记得曾经有一天，我正在厨房里处理账单。在一旁做作业的10岁的儿子希思突然跑过来告诉我："爸爸，这道题我不会。"

　　作为一位和蔼的父亲，我告诉他："好的，等一会，我来帮你做。"

　　他回答道："谢谢爸爸！"随后他便放下笔和纸，离开了。

　　"孩子，你要去哪儿？"我问道。

　　"外面！做完之后你把它放到我书包里就可以了。"

　　显然，如果只是用这种方式完成作业，他就根本不会从我这里得到任何实质性的帮助，也根本不会学到任何东西。如果他想要升入五年级，他首先必须能够解决自己在四年级遇到的问题。

　　这件事引发了我的深思。我想这个世界上有很多人都有着类似的思维，每当遇到问题的时候，我们总是在祈求上苍："天啊，要是……该有多好！""上天呐，帮我劝劝我太太吧，我并不会做任何改变，也不会学习如何成为一名更好的丈夫，但我想你最好能帮我劝劝我的太太。""还有，我已经有好几年没有工作了，财务问题不断，所以如果你能再帮帮忙给我点钱，那就再好不过了！"

要知道，解决问题本身就是取得成功的一个重要组成部分。大多数人都想不劳而获，但只有那些能够直面困难，并真正从克服困难的过程中有所成长的人才能取得最终的成功。

我们来到这个世界上就是来解决问题，消除障碍的。解决问题是一项你必须要掌握的技能——之所以称其为一项技能，是因为它是可以通过学习来掌握，并在实践过程中不断完善的。而且如果想要取得成功，你就必须掌握它。

克服障碍的能力是所有成功人士的一个共同特点。在困难面前，他们会表现出和我们不同的思维方式。他们会迎上前去，直面困难。成功人士属于这个社会最上层的5%，他们不会回避任何问题。那些有过成功经历的人知道，这个世界上其实并不存在所谓的"无法逾越的障碍"——也就是说，事实上所有的障碍都是可以跨越，可以克服的。

成功人士喜欢迎接挑战，他们总是在寻找可以攀登的山峰。而对于一般人来说，他们总是在遇到高峰的时候选择绕道而行。他们想要回避问题，想要从自己的生活中剔除所有的负面因素。当然，在这种思维方式的指导下，他们永远不会有任何改变，也不会有任何成长。而成功人士则会把问题看成是对自己有利的东西。

> 真正的有钱人，不是很会赚钱的人，他们只是擅长加快钱的周转速度的人。

每次读到童话故事时，我们总是喜欢各种"完美"和"无忧无虑"的结局，只有这样的故事对我们才有吸引力。可我们却经常会忘记这样一个事实：这种结局往往是经过各种考验之后才会得到的，而到达结局的过程就是考验你信念的过程。

当你开始学会像一名成功人士那样思考的时候，你就会用一种不同的角度来看待眼前的问题，你会学会用一种不同的方式来解决问题。

一旦改变了自己的内心世界，你会发现以前各种可能会让你消沉或焦虑的因素突然之间荡然无存了。如果想要进入下一个层次，你首先就必须学会解决，而不是回避问题。你这一生能够取得怎样的成就，在很大程度上取决于你如何应对自己所遇到的问题。

我曾见过很多这样的人，在他们看来，所谓成功就是事事如意，要风得风，要雨得雨。可问题是，越是成功的人，他所遇到的问题就越多。当我父亲经营的公司只有100名员工时，他遇到了一些问题。可当他要管理7 000人的时候，他所遇到的问题也就多。成功与问题本身就是一对孪生姐妹；但另一方面，你所解决的问题越多，生活也就会变得越美好。

如果你能够学会解决工作中的各种问题，你的上司就会非常欣赏你，你在他的事业中就会变得无可替代。他会不断地给你加薪、升职，想尽一切办法把你留下来。你希望自己的工作有保障吗？最好的方式就是学会解决问题。这个世界上有太多的人都能发现各种各样的问题，可只有那些能够解决问题的人才能升到最顶级的位置。为什么？因为这样的人不多。

我最近在探索频道上看了一部纪录片，讲小鸡是如何破壳而出的。从睁开眼睛那一刻开始，小鸡就不停地啄蛋壳。整个过程持续了很长时间，但小鸡一直不停地啄，直到最终从蛋壳里面冲出来。在整个过程中，我发现鸡妈妈只是站在一旁，静静地观看。

"为什么不帮帮忙呢？"我看着都有些着急了，"你只要踢一下这该死的蛋壳，你的孩子就可以轻松地走出来，只要几秒钟就可以了。"

可就在节目的最后，答案终于揭晓了。如果鸡妈妈帮助小鸡破壳，小鸡一出来就会死去。因为正是在破壳而出的过程中，小鸡体内的循环系统被激发起来，它会在这个过程中不停地累积能量，增强自己的毅力和耐性，强健自己的肌肉。只有这样，它才能适应外部的环境。如果鸡妈妈从一开始就伸出援手，那小鸡一出来就会死去。

我们今天正生活在这样一个世界，每个人都想借助他人之手来破壳而出。很多事情都变得极其简单，人们不想竞争，因为我们担心竞争会伤害我们稚嫩的感情。人们不愿意在打篮球时计分，因为担心那样会让其中一方输掉比赛。我们想让每个人都一样，大家人人平等。

如果我的孩子就读的学校提供这样的教育，我会立刻帮他转学，因为他需要学习。生活就是一个输输赢赢的过程，处处充满了竞争。如果不明白这个道理，你就永远不可能学会解决问题。

我告诉我的孩子："**你从一次失败当中学到的东西要远比从平静而平庸的一生中学到的东西多得多。**"我希望他能学会坚韧和努力，而不是轻易放弃；我希望他能学会面对逆境，克服困难；我希望他能努力提高自己的技能，不断前进，直到他能完全掌握自己应该学会的东西；我希望他能自己学会应对压力，因为无论想取得怎样的成就，你都必须学会有效地应对各种压力。

不妨设想一下，如果孩子不能在很小的时候学会这些东西，等到长大成人，开始第一份工作之后，他们又会有怎样的表现呢？还是孩子的时候，他们不懂得"按时完成"的概念，大人们告诉他们："哦，没关系，你只要按照自己的节奏完成就可以了。"

可等到他们长大之后，假设上司派给他一项任务："星期四之前完成。"他们会怎么说呢？"对不起，我不习惯在有时间压力的情况下做事。不过你不用担心，我迟早会完成的，但我不知道会是什么时候。"不难看出，这样的教育根本不会让你的孩子在现实生活中有所成就。所以你必须教会他们学会应对，并最终克服眼前的压力。

哪类人具有富人的潜质

这个世界上有三类人。你所属的类型将最终决定你这一生所取得的成就水平。

第一类是退却者。这种人在遇到困难时总是知难而退。他们从来没有想过自己能够战胜这些困难。这种人会心满意足地接受一份工作，每周工作 40 小时，直到 65 岁退休。只要能过上完整的周末，每年再能享受一两个星期的假期，他们就非常满足了。

退却者不会做出任何改变。他们这一生几乎不会学到任何东西，也不会有任何太大的成就。你可能早在二三十年前就已经认识他们了，可直到二三十年以后，他们还是老样子。他们总是在不停地抱怨，而且抱怨的是同样的问题。可即便如此，他们还是没能解决任何问题。几十年过去了，他们还是在重复以往的生活。

第二类是露营者。如今大多数人都处于这种生活状态。刚开始进入社会的时候，露营者们总是会雄心勃勃，激情万丈。他们几乎总是在迫不及待地要冲出学校的大门，到社会上大干一场。事实上，很多人根本等不及大学毕业，"什么？要在大学里待上 4 年？绝对是浪费时间。"所以他们很多人都会休学 1 年去寻找自己的世界。大多数情况下，他们都再也没有回到学校，当然更不会拿到自己的学位。

然后这些露营者们结婚了，感觉这样的生活也不错。他在攀登人生的道路上——而且通常是在道路开始变得陡峭之前的时候——找到了一块干净的平地，决定要在这里安营扎寨了。他们想要自己的营帐变得漂亮舒适，于是开始花很多时间去买一些像大屏幕电视之类的东西，希望能够把自己的小窝布置得更加温馨一些。

很快，他为自己建了一个最漂亮的小窝，但此时却也已经是债台高筑了。然后他便开始大谈自己的登山计划。他想要创办一家公司，甚至已经为此做了大量的市场调研，可不知道为什么，他却始终没有具体动手执行。虽然他很想享受登山的感觉，却显然并不喜欢面对登山时遇到的种种问题。现在的处境就已经很舒服了，他也非常享受这种生活。虽然他仍在不停地计划一些事情，可具体的执行时间却总是一再推迟。

露营者不会做出任何改变，与退却者相比也很难取得更大的发展。他们只是在一味地欺骗自己，享受"梦想未来"的愉悦。可即便到了五六十岁的时候，他们还是没有采取任何行动，而是一味地抱怨："如果当初……"

第三类是攀登者。这种人根本没有时间停留。当然，他们时不时地也会停下来稍作休整，但他们的眼睛却始终盯着山顶。他们首先为自己确立"要完成学业"的目标，一旦实现这个目标之后，他们就会为自己确立更多的商业和投资目标。就这样，他们开始进入自己的事业上升期，而且一生都不会放慢脚步。

攀登者偶尔也会短暂地停留片刻，享受一下沿途的风景，但他们不会停留太久。他们总是在瞄准最终的胜利，希望能获得最大满足。他们想要告诉世人："你们看，这就是我的成就！"

很多人都会说攀登者是在做白日梦，说他们永远不会实现自己的梦想。攀登者本人也非常清楚这一点，可他们并不会因此而止步不前。他们会直面挑战，坚持到底，直到把所有的问题都打倒在地，不达山顶，决不罢休：他们都是最出色的问题解决者，在他们眼中，面前的高峰永远不会构成障碍——它们只是自己攻占的对象罢了。

AQ 胜于 IQ

很多人相信，成功所唯一需要的就是智商。我们设计了很多考题来测验一个人的 IQ 智商，设计了很多考题进行 IQ 测试，而且还会想方设法努力提高自己的智商。

可仅仅有智商是不够的，更重要的是你的 AQ（Adversity Quotient，指挫折商。——译者注）。你在遇到挫折的时候会如何应对？你是否能够发现问题，看出问题的本质，并想出一套方案来解决问题？

成功人士只比不成功人士多解决 5% 的问题。只要能多解决 5% 的问题，你就能够从一般人士变成成功人士。IQ 测试可以让你知道自己的智商水平，但智商高的人却并不一定善于解决问题。仅仅有高智商是不够的，你必须要有足够的常识。努力提高自己的 AQ，只有这样，你才能娴熟地解决自己遇到的所有问题。

我的外祖父是一个智商非常高的人，他的 IQ 在 135 ~ 140 之间。他在学术领域表现出了很高的智商，但处理生活中的问题时却显得手足无措。他先后结了四次婚。当他去世的时候，他为外祖母留下了巨大的债务。他跟自己的孩子几乎没有任何来往。他连最基本的生活问题也无法解决，所以在生活中并没有取得任何有意义的成功。由于根本不知道该如何应对压力，所以退休后他每天只知道坐在家里。一听到外祖母进门的声音，无论他在做什么都会大叫着让她前去帮忙。就这样，虽然有很高的智商，可他的一生却几乎是一个彻底的失败。

曾经有人专门研究过那些解决问题能力比较强和比较弱的人之间的差异。为了彻底找出两者之间的区别，研究人员给每一组研究对象分配了一个无法解决的问题，然后在一旁仔细观察他们的表现。

结果，虽然两组人最终都没能成功地解决这个问题（因为这个问题根本就没有答案），但 AQ 较高的一组投入了很长时间和相当大的精力来解决这个问题；而那些 AQ 相对较低的人则没过多久就放弃了。

有人曾经说过，对于任何一个人来说，只要给他足够的时间，他几乎能够解决所有的问题。你可能会感觉自己本身就不是一个善于解决问题的人，但关键在于你要有足够的自信，你要相信自己，只要愿意投入精力和时间，那你在这个世界上就没有任何解决不了的难题。只要你能够坚持，无论面前的困难看起来有多么了不起，你最终总能找到答案。当然，有些问题可能需要你投入很长的时间，但在解决下一个问题的时候，你的速度就会加快。解决的问题越多，你的速度就会越快。只要不断坚持下去，你的 AQ 就会得到提高。

记得曾经看过一部电影，说的是一群人翻越一座从来没有人攀登过的冰山。虽然整个攀登过程非常艰难，但他们还是成功地登顶了，这时他们却发现，一场大风暴却让他们无法下山。

由于什么都看不见，他们迷失了方向，其中一个人滑进了冰缝之中，摔断了一条腿。他的伤势很重，小腿骨折断，断骨直直地穿进了他的大腿，让他感到钻心的疼痛。

这时他的一位队友拿出了一条绳子，只见他把绳子系到了旁边一块石头上，然后用绳子吊着伤者，悬空慢慢将伤者往下送。可问题是，由于绳子只有 50 米长，所以伤者只好在绳子被放完的时候暂时靠在悬崖边上的一块石头上，等其他队员下来，然后再次被吊着送下去。由于当时能见度很低，伤者根本找不到任何可以暂时停留的平地，不仅如此，如果继续这样坚持下去的话，不仅伤者本人会摔死，就连在上面拉着的那位队友也可能被拖下悬崖。在这种情况下，队友知道，自己唯一的选择就是切断绳子……

正在这个时候，奇迹出现了，虽然伤者从100多米的高空直接跌落至谷底，却还是活了下来。事情到此并没有结束，因为伤者非常清楚，如果只是待在这里，自己只有死路一条，于是他开始努力站起来，一瘸一拐地向着自己的营地走去。他就这样走了整整3天，一次只能移动十几厘米。没有水，没有任何食物，伴随他的只有揪心的疼痛。最后，他感觉自己实在坚持不下去了，就开始在旷野里大喊。

让他万万没有想到的是，此时他已经接近了自己的营地，队友们听到了他的喊叫，立刻赶了过来。就这样，即便是在极端不利的情况下，他的坚持还是让他安然脱离了险境。

任何人都可以成为一名问题解决者，要想做到这一点，你只要拒绝放弃，坚持到底，直到最终穿越障碍就可以了。这种在任何情况下一往无前的精神可以让人养成一种巨大的耐心和信念。越有耐心，你就越愿意继续努力，越不会轻易放弃。你心中信念的力量越强大，你就越容易激发出自己全部的潜力，在面对困难的时候也就越容易迎头而上。千万不要退缩，成功永远属于那些善于解决问题的人。

需要补充的是，我在本章当中讲到的内容已经彻底改变了我的生活。我发现，在遇到问题时，多想5分钟，你就能找到答案；而多想10分钟，你就会找到更合适的答案；多想15分钟，你就能找到一个完美的答案。很多亿万富翁都承认，自己之所以能取得成功，就是在别人断定一个问题"无法解决"之后，自己还愿意再投入15分钟去想一想。

好了，现在就开始，在你的行动计划中写下你的决心，下次无论遇到什么问题，都要告诉自己：要多思考15分钟，坚持一下。

行动计划

做攀登型的问题解决者

1. 最近，你在工作或者是学习中遇到哪些棘手的问题？

   A. _____

   B. _____

   C. _____

2. 你解决了这些问题吗？

3. 如果解决了，请总结经验：

   A. _____

   B. _____

   C. _____

4. 没有解决，请分析原因和障碍：

   A. _____

   B. _____

   C. _____

记住：平静的海洋练不出熟练的水手。

——英国谚语

第 **11** 章

时间是最重要的资产

A BILLIONAIRE'S MOST VALUABLE ASSET:
THE ONE THING WE WASTE

行动计划：管理好自己的时间

为什么时间观念直接决定人们的贫富程度？
有钱人的一天和普通人的一天有何不同？

亿万富翁最重要的资产既不是他的钱，也不是他的车子、房子，甚至不是他的公司，而是他的时间。在我们拥有的所有资源当中，只有时间是真正有限的。我们每个人都可以去赚更多钱，可以买新车，但永远不可能买到更多时间。我们每个人在这个地球上生存的时间都是有限的。

我发现，在时间的问题上，亿万富翁和常人的想法迥然相异。正是这种区别每年带给他们成百上千万美元的收入，正是这种思维方式上的差异造就了穷人和亿万富翁在生活上的天壤之别。

这听起来好像有些过于绝对，但我对这句话却有着绝对的自信：我，斯科特，可以清楚地预测你的未来。这其实并不困难。只要能在你身旁待上 1 个星期，我就可以准确地判断你的未来——只要 1 个星期的时间。在这 1 个星期当中，我会仔细地观察你所做的一切，并记录下你分配时间的方式。然后我就可以判断你在接下来 6 个月、1 年，甚至未来 5 年会有怎样的发展。事实上，我的这种判断是如此精确，它甚至会让你感觉有些恐怖。

实话告诉你，其实你并不需要我来为你做这一切，你完全可以自己来预测一下。在本章的行动计划里，有一份日志样本，它可以帮助你记下自己每天的活动，只要做好这份日志记录，你就可以准确地判断自己的未来。

这个练习当中比较吸引人的地方就在于，你完全可以控制自己的未来。一旦发现自己的方向出现了问题，你就可以告诉自己："等等，我的方向出现问题了，按照这种方式，我根本不会实现自己的梦想。"我敢保证，大多数对自己的每日活动做记录的人都会发现这一点。但只要意识到了这一点，你就可以作出决定来改变自己的未来，而且你只要遵守以下几个简单的原则便可以做到这一点。

从来没有人能够清楚地阐释时间的价值，但是，只要留意那些成功人士，你就会发现，这些人身上都有一个共同的特点：他们懂得珍视时间。对于他们来说，时间都是他们最宝贵的财富。其他一切都可以被看成是无限的资源：如果丢了钱，你还可以通过努力去赚更多；丢了车子，你还可以再买一辆；失去了房子，你还可以买套新的。

但时间对于任何人来说都是有限的，一旦失去了时间，你就根本不可能再找到任何东西来替代它。我们每个人都有足够的时间来实现自己的理想，但同时，我们每个人的时间资源又都是有限的。在这段有限的时间里，你可以选择为这个世界留下一笔财富，也可以晃晃悠悠地虚度光阴。时间一旦被偷走，就再也无法挽回。

可不幸的是，我们大多数人都没能看清这一点。他们并没有足够重视自己的时间，更不懂得去精心守护自己的时间。这种态度让他们失去了原本可以帮助他们实现梦想的时间。

亿万富翁意识到，时间其实就像是未来的种子。你每天为自己的未来播种多少，取决于你每天是如何运用自己的时间的，你的未来就在于你播种的方式上。

你的时间都用来干什么了？你是否用它来实现自己的梦想，还是在无所事事地浪费时间？再过 6 个月、1 年、5 年，你可能仍然跟这个社会上 95% 的人没有任何区别，你不懂得守护和利用好自己的时间，于是你的梦想也就永远只能是梦想。

但只要能够了解这一点，并把它记在心里，你就可以改变自己的未来。这种改变可以让你进入 5% 成功人士的行列，他们也懂得珍惜自己的时间。成功人士绝对不会浪费自己的时间，他们会最大限度地利用每 1 分钟。对于他们来说，时间是一种绝对无法取代的资源。

很多人都会用所有的时间来换取自己想要的东西。可只要使用得当，你所花费的时间就会让你的生活发生变化，从而会让你得到自己想要的东西。你需要学会重新组织自己的时间。在利用时间这个问题上，成功人士都掌握一些基本的工具，这些工具是我们所有人都可以学习的。

首先，你应该弄清自己每天会浪费多少时间。还是让我用硬币和储蓄罐的例子来描述一下大多数人使用时间的情形吧。硬币代表我们每天所拥有的时间，储蓄罐则代表我们利用时间的方式。假设我们每个人每天有 24 枚硬币，2 个储蓄罐，其中一个储蓄罐代表我们的梦想和目标，另一个储蓄罐则代表我们虚度的时间。下面让我们看看普通人一般都是如何分配这 24 枚硬币的。我下面描述的只是一般情况，每个人的情况可能会各自有所不同。

你早晨起床，洗澡，吃早餐，这些会占用你 1 小时。这些时间并不是真正的浪费，但由于它们并没有给你带来任何收益，也没有帮助你得到任何成长，所以我们不妨把这枚硬币放到你第二个储蓄罐里。

在开车去工作的路上，你在听小甜甜布兰妮的歌，于是你又向第二个罐子里丢了 1 枚硬币。小甜甜可以让你感觉兴奋，但它并不会让你的生活有任何改变，更不会帮助你取得成功。

到了办公室之后，你开始了8小时的工作，在这8小时里，你只是坐在那里滥竽充数。于是，你又往第二个储蓄罐里扔了8枚硬币。

你中午去吃午饭，跟同事一边聊天一边做白日梦，梦想自己有一天发达时的样子，但你只是做白日梦，并没有采取任何实际行动。就这样，在吃饭的时间里，你又往第二个储蓄罐里扔了1枚硬币。

开车回家的路上，由于不愿意绕路，结果遇到了交通堵塞，这样又白白丢掉了1枚硬币。

我们都需要一些独处的时间，于是你在晚饭之后就去了健身房，做运动，洗澡……你在健身房里整整待了2小时，也就失去了2枚硬币。

你有位女朋友，于是你用了1小时跟女朋友通电话。"我爱你，我爱你……"不知不觉中，又1枚硬币被扔进了第二个储蓄罐。

放下电话，你看到电视上正在转播球赛，于是你坐在沙发上，一边为自己的球队呐喊助威，一边咒骂裁判，就这样整整过了3个小时。

就这样，一天快过完了，你还没向你的梦想储蓄罐里投入1枚硬币。在入睡前，你想要读会儿书，可一方面实在是太累了，另一方面你也需要早些休息，养足精力应付第二天的工作，所以你现在根本没时间了。然后你足足睡了6个小时，又向第二个储蓄罐里扔进了6枚硬币。

一个普通人的一天就这样结束了。你并没有做任何可以改变自己未来的事情。6个月或者一年之后，你的生活或工作状态丝毫不会有任何改变。

你利用时间的方式可以决定你的未来，所以你必须问自己一个问题，你到底在做什么？如果你没有将时间用来学习，用来努力实现自己的梦想，你的梦想就永远只能停留在幻想阶段。这个世界上有太多太多人一生都没能实现自己的梦想，当他们退休，坐在沙发上安度晚年的时候，他们总是会问自己："我还有那么多理想没有实现，我到底做了些什么？到底发生了什么事？"

之所以会出现这种问题，根源就在于他们没能管理好自己的时间。他们这一生也没能实现自己的理想，没有得到他们希望得到的东西。时光一去不复返，留下来的，只能是无尽的感慨和唏嘘。

亿万富翁把时间看成自己最宝贵的财产，在他们看来，很多人对待时间的方式似乎都让人费解。亿万富翁之所以能够成为亿万富翁，就在于他们拥有足够的远见，懂得让别人来修剪自己的草坪，打扫自己的房间，这样他们就可以有更多的时间去追逐自己的梦想。时间和金钱之间有直接的联系，对这点亿万富翁非常清楚——实现梦想的秘诀就在于最大限度地利用自己的时间。

要想更好地理解自己利用时间的方式，不妨举个洗车的例子。问问自己，你是如何看待洗车这件事情呢？大多数人可能都会说："我才不会花 9.99 美元让人来洗车呢，我完全可以自己洗。"于是他们就这么做了。

可不知你想过没有，如果选择自己洗车的话，你需要花费怎样的成本。准备洗车的工具和洗车加在一起一般差不多需要花费 1 个小时的时间，也就是说，为了节省 10 美元，你需要花掉 1 个小时的时间。

但如果你能换种思路，让别人来洗车，这样你只要等上半个小时就可以。不仅如此，在这半个小时里，你还可以读本书，学到更多更有价值的东西。如果你能够有效地利用这段时间，它所给你带来的收益将远远超过 10 美元。

换油也会浪费你很多时间。只要花上 16 美元，你就可以在沃尔玛让人帮你换油。我知道有些人会选择花 10 美元买工具，然后再用 1 小时来完成所有工作，这样总共也只能为他们节省 6 美元。如果你用这 1 小时来做一些对于实现自己梦想有用的事，它所给你带来的收益也绝对不止 6 美元。

有时候我们为了节约几美元而做的事情实际上会偷走我们大量的时间。只要稍微仔细分析一下，你就会发现这些做法会有多么愚蠢。每年圣诞节的时候，我都会在沃尔玛发现一些非常有趣的事情。只要一走进商场的大门，我就会发现有很多人在那儿排队等着退货。整个队伍可以从柜台一直排到大门口。没错，人们的确需要退还那些自己用不到的东西，但退货同样需要花费大量的时间，除非你要退的是一些非常贵重的东西，否则我建议你还是不要在排队上浪费那么多时间。

记得有一次，我看到有一位先生为了退一个自行车内胎而在那儿排队。我简直不敢相信——那个内胎只值 2 美元，可他却要排上近 1 小时的队。我当时真想直接给他 2 美元，让他用这些时间去做点别的事情。毫无疑问，他排队用的 1 小时绝对不只值 2 美元。

问问自己，你的潜在价值有多少？我不是说你现在的价值，而是你的潜在价值，你现在的时间在未来的价值究竟会有多大。问问自己，如果你把现在的时间用来做一些对未来有益的事情，这些时间将会创造出多大的价值？如果计算的结果表明，你现在所浪费的这些时间在未来会价值数百万美元，你就可以得出结论，你现在的每小时绝对不止价值 10 美元或 6 美元。

换油所花去的 1 个小时在未来可能价值 250 美元，洗车用掉的那 1 小时也是如此。目前你可能觉得自己的 1 小时也值不到 250 美元，但我们现在说的是你的时间的潜在价值。如果你能更好地管理自己的时间，换一种角度来看待你的时间，你的这些做法在未来就会为你带来成百上千万美元的收益。这样算来，你现在的时间价值该如何计算？

它可能要比你想象的值钱很多。

你所需要做的，就是下定决心，开始管理好自己的时间，将其作为一项重要的资产。学会像富人那样思考，扔掉那种"我现在每小时只能赚10美元，所以我还不如自己洗车"的想法，这样想："我会花250美元洗车吗？"答案是显而易见的。当你开始用这种思路来思考问题的时候，你就会换上一种完全不同的心态。

下面是又一个关于时间的潜在价值的例子。比如说你手头有一瓶水，按照现在的价值，它只值1美元。但你可以非常确信的一件事情就是，5年后，这瓶水的价值肯定是5 000美元。试问，如果是这样的话，你对这瓶水的看法是否会改变呢？如果你知道了这瓶水的潜在价值，当有人想要喝上一口时，你还会欣然答应吗？"什么？你想喝一口？门儿都没有！"你会把它放到一个安全的地方，将其精心保护起来。

大多数人身上都有这种潜在价值，只是他们并没有意识到这一点，结果他们浪费了大量宝贵的、本来可以用来帮他们实现自己的梦想的时间。当然，你也可以跟人分享一些自己的时间，但前提是他们能够给你带来更大的价值，否则他们就只是在偷走你的潜在财富。

这个世界上有太多人会让他们的朋友和其他人偷走他们的时间，抢走他们未来的潜在财富。所以你一定要告诫自己，这些人都是偷走你梦想的人。他们会通过各种方式1分钟1分钟地偷走你最可宝贵的资源。这1分钟渐渐会变成1个小时，当你不断给予对方自己的时间，不断允许对方浪费你的生命的时候，你就会距离自己的梦想越来越远。一旦你意识到自己的时间有多珍贵，你就会开始主动保护自己这最宝贵的资产。

要想取得成功，你首先就必须找出生命中那些浪费你时间的因素，然后将其消除。这听起来可能有些冷酷，但虚度人生其实要更加冷酷。

如果你让身边的人在不知不觉间偷走你的梦想，那就是你对自己所做过的最冷酷的事情。

我生命中的人必须保持跟我相同的速度，如果他们想要在我身边，他们就必须保持这种速度。当有人来到我的办公室："嘿，斯科特，我想问你一个问题。"他们知道，自己必须尽快说清问题，然后离开我的办公室。而这些人一定能在未来取得成功。

还有一些人的做法则截然不同，他们会来到我的办公室，深吸一口气，然后说道，"我可以关上门吗？有些问题想要问你。"然后他们会拉来一把椅子，随心所欲地占用我的时间，却根本没有意识到他们的这种做法其实是在浪费自己最宝贵的资产。无论是对他们还是对我来说，这段浪费的时间都再也回不来了。

我会为人做很多咨询工作。通常情况下，我们在一次咨询结束的时候给对方布置一些事情，要求对方在下次见面之前完成。如果他们下次来到我的办公室，我发现他们并没有完成我安排的工作时，我就不会坐在那里任凭他们浪费我的时间。大多数人都

> 要想取得成功，你首先就必须找出生命中那些浪费你时间的因素，然后将其消除。

没有做到这一点，所以一旦被我发现，我就会立刻结束我们之间的谈话。如果连你自己都不想帮助自己，我为什么还要浪费自己的时间来帮助你取得成功呢？

刚上高中的时候，我们每个星期都要跑 3 英里，这是我们体育课分数的一个重要组成部分。开始跑步之前，教练会为我们设定一个具体的时间，要求我们必须在规定时间之内跑完 3 英里。当时我还很年轻，要实现这个目标非常容易。但我发现有些同学根本不想跑完这路段。刚开始的时候，大家表现都还不错，但没过多久，有些人便开始放慢

脚步，溜达起来。由于我们都是好朋友，于是我便也放慢脚步，跟他一起慢慢溜达。

就这样，我们一边走一边聊天，玩得开心极了，可当我们到达终点的时候，早已过了教练规定的时间，于是教练开始冲我们大叫起来。后来我的成绩单寄到家里，父亲感到非常失望，因为我的体育只得了个 D。

为了不再让父亲失望，我告诉自己一定要做出改变，绝对不会再让我的这些朋友影响了我的成绩。可这个世界上有很多人都没有意识到这一点。每个人都有不同的梦想和抱负，有很多人根本不愿意投入时间去实现自己的理想。他们只是坐在那里，得过且过地浪费时间。当他们本应该奋力向前冲刺的时候，他们却只是沿着生命的跑道慢慢溜达，最终到达终点的时候，他们会发现自己只得了个 D。所以你应当告诉自己身边的人："没错，你是我的好朋友，我也很欢迎你跟我一起跑步。可要想跟我一起，你就必须跟上我的步伐。我并不会为了你而放缓脚步。"

> 别人有着跟你不同的梦想和未来，你的时间太宝贵了，所以你不应当一而再再而三地为他们而放慢自己的脚步。

1991 年的时候，我曾经改变过一次自己的节奏。我想要让自己进步得更快，所以必须做出一些改变。那年我选了很多功课，这也就意味着我必须重新分配自己的时间，我再也不能像以前那样跟我的同学们一起去那些地方，不能像以前那样跟他们一起去追求女孩子。

刚开始时，我的朋友们并不想加入我的新计划。"嘿，斯科特，来，跟我们一起去玩吧。"我必须拒绝他们，没过多久，往日的朋友们就逐渐一个个离我而去。当时我感到非常难过，但过了这么多年之后，当我回头看他们的生活时，我发现自己的选择是对的。直到今天，他们的生活也没有什么大的变化，很多人不停地结婚离婚，不停地更换工作，日复一日地重复着自己并不幸福的生活。

对于那些想要跟我一起奋力向前的人，哪怕你在路上摔倒了，我也会停下来拉你一把，让你重新振作起来。但如果你只是想坐在一旁，或者想要拖我的后腿，那就对不起了，我绝对不会为了你而改变我自己的节奏。这个世界上有太多事情需要我去完成，而我们的时间却在1分1秒地流逝。所以还是赶紧行动起来吧。别人有着跟你不同的梦想和未来，你的时间太宝贵了，所以你不应当一而再再而三地为他们而放慢自己的脚步。

你必须找出那些浪费你时间的因素，然后将它们清除出自己的生活。俗话说："近墨者黑"。我当初之所以不再跟那些朋友一起去玩，就是因为我想要消除他们对我的影响。

一天晚上，霍莉和我跟另外一对夫妻出去。他们总是在抱怨一切，无论我们跟他们谈论什么，他们总能找出其中的负面因素。相比之下，我却总是会找出一些让一切都变得积极的因素，所以我们之间的谈话并不愉快，整个晚上让我感到筋疲力尽。

当我们回到家时，我一下子瘫倒在床上。我告诉霍莉，跟这两口子谈话真是太累了。那位妻子是我这辈子见到过的最消极的人，我发自内心地觉得她的丈夫非常可怜。当时我就告诉自己，以后再也不跟这种消极的人一起出去了。他们只会放慢我的人生节奏。如果你想要跟我一起向前，你必须是一个快乐、积极、斗志昂扬的人。

而且你也应该学会一切向前看，凡事都懂得提前做好规划。如果你只是每天早晨醒来，站在镜子面前，用了整整1个小时考虑自己今天到底要做什么的话，那你显然不是一个懂得向前看的人——相信很多人都有过这样的经历，所以我也不需要再详细解释了。

每次去餐厅吃饭的时候，我总是事先就知道自己要点哪些菜，甚至在我们坐下来之前，我就已经点完菜了。这样在开始就餐之前，我就可以坐下来，安静地享受整个用餐过程。如果你想要在自己的财务方面也取得像唐纳德·特朗普那样的成就，你就必须学会提前做好规划。有太多事情需要做，所以千万不要让别人偷走你的时间。如果想要取得成功，你就必须在时间管理上养成这样的习惯。

当然，有时我们必须停下来帮助一下自己身边的人。我并不介意这个，事实上，我在前面讲的也并不是要求你们不去帮助别人。如果我们是在一起向前冲刺，突然你绊倒了一下，我也会停下来扶你起来，就算是你跑不动了，我也会背着你上路的。如果一位年轻的母亲突然失去了丈夫，需要独自肩负起家庭的重担，我们也应该停下来帮助她一下，跟她一起分担，以免让她一个人负重前行。

但同时你也要告诉自己，你不可能去负担任何一个人的一生，所以你还是应该把自己主要的精力和绝大部分时间用来奔向自己的未来。

每个人都应当独立完成自己的工作，所以千万不要指望别人来帮助你完成工作，也不要去帮助别人完成他们的工作。如果有人来告诉我："我已经失业1年了，现在身无分文。"我会告诉他："那好办，去找一份工作吧。我也不知道该怎么帮助你，老兄，这是你的问题。你需要找份工作，这个世界上有很多工作需要人去完成。可能你并不想去汉堡王做汉堡，但我可以保证，只要愿意，你完全可以在一天之内找到至少6份工作。"

这并不是说我在别人危难的时候袖手旁观。事实上，我之所以想要变得富有，就是要在关键的时候去帮助别人。可能你刚刚被解雇，有一大堆账单没钱支付。这时我会临时帮助你一下，我可以给你一些钱，帮助你应付一下眼前的困境，但到了下个月的时候，你就应该已经找到一份工作养活自己了。

千万不要去帮助那些过于懒惰，不愿意自食其力的人。如果对方真的需要，你的确可以伸出援手，但如果他只是想偷走你的时间和你的资源，那就直接拒绝他们。

好了，还是让我们回过头来，仍然用硬币和储蓄罐的例子，来说明一下你怎样才能用另一种方式来分配自己的时间财富吧。仍然是两个储蓄罐，一个是被浪费的时间，另一个是梦想储蓄罐。我们仍然有24枚硬币，代表你可以用来投资未来的时间。

你早晨醒来，洗澡，吃早饭，但在这个过程中，你的做法稍微有了一些变化。在洗澡的时候，你开始听CD——可能是教你如何更好地处理自己财务问题的CD，也可能是帮助你改善夫妻或客户关系的CD。无论什么，它都能帮助你学到更多东西，更好地成长，就这样，你在不知不觉间为自己的未来种下了一粒种子。

洗澡之后，你开始吃饭，一边吃饭，你一边读了一些跟工作有关的资料，开始为自己1天的工作做好了准备。这样，你洗澡和吃饭的这1个小时被丢进了梦想储蓄罐。

在开车去办公室的路上，虽然明知道小甜甜的歌声会让你开心，但你还是决定要把这宝贵的时间投资到自己的未来上，于是你选择听了一些朋友刚刚推荐给你的商业管理CD。在上班的这段过程中，你又向自己的梦想储蓄罐里投了1枚硬币。

来到办公室之后，你开始全力以赴地工作，虽然你的工作很琐碎，但你还是在竭尽全力地去完成它。就这样，你用自己的表现赢得上司的青睐，形成了良好的工作习惯，并为自己挣得了一个好名声，也为自己的未来埋下了很好的伏笔。一天过去了，你又向自己的梦想储蓄罐里投入8枚硬币。

吃午饭的时候，你选择跟一位同事讨论关于投资的问题，有时也会谈论一下自己正在读的书。就这样，你又向自己的梦想储蓄罐投入了一枚硬币。

开车回家的路上，你又收听一些关于商业管理或投资理财的节目，继续获取对自己将来有用的知识。又有 1 枚硬币被投进了自己的梦想储蓄罐。

然后你跟一位朋友来到了健身房，你们一边健身，一边讨论自己准备如何在房地产或金融领域进行投资，以便能够获得更大的回报。2小时之后，你又向自己的梦想储蓄罐里投入了 2 枚硬币。

回到家里，你要放松一下自己了。记住，这个世界上没有一个人能够一天 24 小时不间断地学习，你一定要给自己留出一些时间来放松。所以这时放松也是一种对你的前途有利的事情。在放松的过程中，又有两枚硬币被扔进了你的梦想储蓄罐。

该是上床睡觉的时候了，你美美地睡了 8 小时，养精蓄锐，为第二天的工作做好了充分的准备。但就在你睡觉之前，你脑袋里还是装了一件事情。让你感到大吃一惊的是，第二天一大早醒来的时候，你突然发现昨天晚上睡觉前思考的问题已经有了答案。科学研究表明，当人在睡觉的时候，他的大脑还会继续工作，所以当你睡醒的时候，通常你会为自己的问题找到答案。

就这样，在过去的 24 小时里，你在不断地向着自己的未来靠近，你所度过的每 1 分钟都是有价值的。很快，你就变得不再平庸了，你开始逐渐步入 5% 的精英人士阶层。

需要提醒你注意的是，千万不要低估正常睡眠的价值。如果想取得成功，睡眠就是你的一项必修功课。你每晚必须保证 8 小时的睡眠，千万不要让任何人改变你的这个习惯。

你可能会觉得自己只要睡 5 个小时就可以了。但事实并非如此，这就像有人喜欢在油里加水一样，刚开始的时候，你可能并不觉得有什么不对，但最终你就会发现，油里掺水所带来的危害要远远超出你的想象。如果没有正常的睡眠，你的整体工作效率就会受到影响。从科学的角度来说，我们每人每天都需要 8 小时的睡眠，否则会影响你的寿命，限制你的能力。

总而言之，你必须管理好自己的时间，理解时间的价值。一旦做到这一点，你就能找到最适合自己的生活节奏，并为自己带来无限的成功。在银行排队的那段时间里，你可以用来学习一些更加有用的东西——比如说整理自己 1 周的工作，或者是读一些有用的书，这些都可以帮助你更好地提高自己的工作效率，帮助你靠近自己的人生目标。

为什么那么多成功人士都喜欢用便条或语音提示呢？他们之所以这么做，是因为这样可以帮助他们清理思路，当他们手头同时要处理 10 件工作时，这样做就可以帮助他们变得更加有条不紊。

如果不安排好时间，你就会一件接着一件地应付自己的手头工作，这会堵塞思路，也会使你的创造力锐减——而正是这些创意可能会为你带来巨大的财富。每次想到一个创意的时候，我都会把它记录下来，这样它就不会再占用我的大脑空间，我就可以专心致志地应付手头的其他问题。过了一段时间，处理完其他工作之后，我就可以重新拾起这个想法，继续将其发展成熟。

管理好自己的时间

星期一	星期二	星期三	星期四	星期五	星期六	星期日
6：00 ~ 7：00						
7：00 ~ 8：00						
8：00 ~ 9：00						
9：00 ~ 10：00						
10：00 ~ 11：00						
11：00 ~ 12：00						
12：00 ~ 13：00						
13：00 ~ 14：00						
14：00 ~ 15：00						
15：00 ~ 16：00						
16：00 ~ 17：00						
17：00 ~ 18：00						
18：00 ~ 19：00						
19：00 ~ 20：00						
20：00 ~ 21：00						
21：00 ~ 22：00						
22：00 ~ 23：00						
23：00 ~ 24：00						
1：00 ~ 2：00						
2：00 ~ 3：00						
3：00 ~ 4：00						
4：00 ~ 5：00						
5：00 ~ 6：00						

记住：最严重的浪费就是时间的浪费。

——〔法〕布封

第二部分

思维吸金才是王道

THINK LIKE A
BILLIONAIRE

BECOME A
BILLIONAIRE

第 **12** 章

提高 AQ 的 9 种方式

US1,000,000,000US1,000,000,000US1,000,000,000US1,000,000,000US1,000,000,000US1,000,000,000US1,000,,000,000US1,000,

RAISING YOUR AQ

为什么自信心和有线电视一样重要？
为什么许多遭到家庭暴力的女性在选择忍耐和顺从后，
情况反而会变得更糟？

在前面的内容中，我已经反复强调了这样一个事实：亿万富翁和一般人想的的确不一样。也恰恰正是因为这一点，他们才能够取得如今的成就。他们看待事物的方式跟一般人不同，他们会把金钱看成是一种工具，把风险看成是机遇，把问题看成是一种需要征服的东西。他们有很高的 AQ，不仅不会回避问题，还非常喜欢解决问题。

只是简单的一句"哦，我的天哪！"并不能帮你渡过眼前的难关，那种受难者的心态只会让你止步不前。你必须学会去解决问题，必须努力提高自己的 AQ。幸运的是，要做到这点并不困难。但前提是你必须做到持之以恒，决不放弃。相信自己，你也能成为解决问题的高手。

以下 9 种不同的方式可以帮助你提高自己的 AQ。只要你能够表现出这些态度，完成这些步骤，从此你就不会再被任何问题吓倒。

方式1　坚信这个世界不会与你作对

你必须告诉自己，这个世界并不会跟你作对。如果你总是认为这个世界是在联合起来与你作对，任由所有糟糕的事情把你打垮，那你很快就会失去继续尝试的动力。试问：如果整个世界都在跟你作对的话，你怎么可能战胜整个世界呢？

这点从我的儿子拉肯身上可以看出来。经过观察，我发现，当拉肯感觉自己的遭遇是命中注定，或者坚信自己对眼前的挫折无能为力的时候，他就会选择坐以待毙。可如果他感觉自己的家人都在旁边支持自己，坚信自己完全有能力渡过眼前的危机时，他就会充满信心地去克服任何障碍，所以真正重要的是自己的心态。

我的小儿子佩顿，曾经从吉米阿姨那里得到了 4 000 只瓢虫。他把这些虫子放到一个口袋里，一有时间就趴在一旁静静地欣赏。有时候他甚至会把手伸进口袋里，去抚摸这些虫子。他把其中特别喜欢的一只取名为洛洛。佩顿非常喜欢带着洛洛四处炫耀，邀请小朋友们一起来玩玩。每次看到他们围绕在洛洛身旁你一言我一语地谈论着什么的时候，我都能感觉到他们过得非常开心。佩顿经常大叫："快，快，洛洛……"然后它就会绕着屋子满处爬。

但没过多久，佩顿的口气就发生了变化。洛洛开始拒绝配合了。佩顿大叫道："洛洛，过来。"可洛洛还是纹丝不动。"洛洛，洛洛，快！"

他不停地命令洛洛爬到自己的面前，可洛洛还是纹丝不动。很快，佩顿开始大发雷霆，一脚踩了上去。就这样，洛洛彻底地离开了这个世界。

在现实生活当中，很多人都是这样，一旦遇到困难，他们就会感觉是命运在跟自己作对，然后他们就会自暴自弃。他们相信，是上天让自己遭遇这些困境，无论怎么挣扎都毫无意义。可事实上，这个世界摆在每个人面前的机会都是一样的，它从来没有为富人们提供更多机会，也从来没有要让某个人永远生存在穷困之中。造成两种人最终的差别的——是他们自己的选择。

方式 2　相信自己

如果想要提高自己的 AQ，你需要做的第二件事情就是相信自己，对自己充满信心。当你缺乏自信的时候，你解决问题的能力就会受到影响。如果对自己没有信心，你怎么可能会相信自己的能力呢？如果你不相信自己的能力，在遇到困难的时候你就会选择放弃。

非常有趣的是，研究表明，很多人都会在快要想到解决方案的时候放弃努力。我经常发现很多人会在自己的婚姻或者事业即将出现转机的时候选择放弃。要知道，黎明之前的那一段时间往往是一天当中最黑暗的时刻。所以你必须对自己充满信心。

在我很小的时候，父亲就告诉我，你相信自己能取得怎样的成就，你这一生就能取得怎样的成就；反过来说，你相信自己做不到的事情，你就真的做不到。如果在遇到一个问题之后，你感觉自己根本就无法解决，那它就成了不可逾越的障碍，反之，如果你坚信自己的力量，并且为了解决问题而竭尽全力，你最终就能解决难题。

上个世纪中期，当有人提议要把人类送上月球的时候，世界上的绝大多数人都认为这是在痴人说梦。可还是有一些人不这么认为，他们投入了很长时间，希望能够找到办法来解决这一难题。结果他们成功了。

如果你没有足够的信心来克服自己内心的障碍，那我建议你最好能阅读一些帮助你提高自信的书或者是录音带，反复地阅读，不停地听，直到你建立足够的自信。记住：**要想建立足够的自信，你首先就需要解决这个问题。**

把它放到最重要的位置上，现在就动手。

如果你家的有线电视出了问题，你会怎么办？坐在那里，等着它自动恢复吗？显然不会。如果有朋友来告诉你你需要续交费用了，你会怎么办？难道你只会坐在家里，祈祷上帝能帮你解决吗？显然不会。你唯一需要做的，就是立刻去缴费。你之所以这样做，就是因为这件事对你来说非常重要。

问问自己，如果有线电视都那么重要，那么你的自信——帮助你解决问题，克服困难的前提——又该有多重要。

方式3 寻找答案

你并不是这个世界上唯一会遇到问题的人。每个人都会遇到各种各样的问题。成功人士会努力找出解决方案，直到解决问题。他们并不是没有问题，只不过他们对于问题会有不同的思考。

从金钱的角度来说，这也就意味着世界上根本没有解不开的难题。所以在遇到问题时，真正明智的做法就是立刻动手寻找答案。退后一步，深呼吸，仔细分析眼前的问题，你一定能找到走出困境的方法。

几年前，每到圣诞节时，我都要把家里的彩灯拉起来做装饰。这件事情对我来说一直都是一个巨大的挑战。所有的电线都纠缠在一起，我需要花费很长的时间去一点一点地把它拆开，有时候情况还会变得越来越糟，所以我经常会忍不住大发雷霆。

可一旦我冷静下来，仔细分析一下眼前的状况，我就会开始慢慢地发现电线缠绕的模式，然后我就能一点一点地把它拆开。过了几年之后，我终于找到了一个最好的模式——把旧的扔掉，直接买套新的。

请相信，无论遇到任何问题，退后一步，冷静地思考都可以帮助你更好地找到解决方案。大多数人都觉得自己的生活一团糟，但事实并非如此。你所经历的一切也都曾经在别人身上发生过，你只需直面问题，就能找到答案。随着你变得越来越有耐心，你也就越容易冷静下来，看清问题的模式，找到最终的答案。所以在遇到问题的时候，一定要集中精力寻找解决方案，而不是一味地陷入问题之中。

人类的大脑是一种非常神奇的东西。只要愿意，你可以将自己的脑力资源集中到任何一件事情上。打个比方，如果你在睡觉之前思考一件事情，在整个睡眠过程中，你的大脑就会不间断地工作，努力帮助你找到解决方案。很多人都有过这样的经历：一个问题入睡前还百思不得其解，但等到第二天醒来的时候，就突然发现自己已经找出了答案。

方式 4 付诸行动

如果想要提高自己的 AQ，而不只是 IQ，你需要付诸实际的行动。大多数人在遇到问题之后都会不停地埋怨，不停地构想，但却始终没有采取必要的行动。大学教育的确有助于你解决问题，但要想真正取得成功，你还是必须采取实际的行动，无论你所构思的方案多么巧妙，没有实际行动都是毫无意义的。

我经常会吃惊地发现，很多女性在遭到家庭暴力或者是虐待的时候，都会表现出令人惊讶的忍耐和顺从。事实上，这些女士非常清楚自己该做什么，可她总是告诉自己对方一定会改变，只要熬过这段时间就可以了。但事实上，日复一日，对方根本没有做出任何改变，情况反而变得越来越糟。所以对于这些女士们来说，真正需要的是做出改变，离开对方。

同样令我吃惊的是，虽然很多人都在为自己的经济状况而苦恼，但却很少有人想到动手去解决问题。比如说很多人都感觉现在的收入根本不足以维持日常开销，他们总是有很多账单需要支付。毫无疑问，在这种情况下，答案非常明显，他们只有两种选择：要么去赚更多钱，要么减少开支。或者至少，他们可以试着去找一份更好的工作。但事实上，大多数人都选择维持现状。他们只是坐在那里，不停地发牢骚，但却不会做出任何改变。

开动大脑吧！当你想要做一件事情的时候，你总是能够找到各种各样的理由。如果你想要变得成功，不妨给自己所面临的问题找到解决方案，为了成功而奋力向前。好了，现在就开始，去读些书，听一些录音带，为自己做出一些改变。现在就动手吧！

方式5 失败并不是终局

下一个能够帮助你提高 AQ 的方法是告诉自己，失败并不是终局。如果你听任恐惧压倒自己，那么你就会非常害怕失败，以至于永远放弃再次努力的尝试。可问题是，如果不再尝试的话，你永远不会取得任何成功，所以你必须学会冒险。

唐纳德·特朗普会告诉你，要想取得成功，最重要的就是要学会不放弃。很多人都说，在那些新创办的公司当中，10 家有 9 家都会以失败告终，很多人都因此而得出结论：创办公司的唯一下场就是失败。可特朗普却会认为这说明他有机会取得成功。他相信，哪怕是失败了，你也可以从中学会很多东西。失败并不是最终结局。一次创业失败之后，你完全可以随时选择重新开始，只要不停地尝试，你就终究会有成功的一天。

记住：如果你从失败当中学到东西，并不断继续追求自己的梦想，你所遭遇的失败就不是最终的结局。只要不断尝试，你就终有翻牌的一天。

需要指出的是，一定要吸取教训，千万不要让以往的失败成为你的障碍。不断尝试，直到你做对了——这才是最重要的。

方式 6 压力和恐惧会损害你的创造性和信念

提高你 AQ 的第六个要领是意识到：压力和恐惧会大大损害你解决问题的创造性和信念。大多数人都会被自己内心的恐惧打败，让恐惧彻底破坏自己的创造性。而另一方面，如果没有创造性，你就只能重复自己以往的做法，当然也就不可能解决任何问题了。

恐惧和焦虑同时也会影响你的信念。从根本上来说，恐惧本身就是信念的反义词。它会让你放弃坚守的信念。"要是……那该怎么办？""要是我做不到怎么办？""要是出了问题怎么办？"

"要是……"是一个非常危险的问题，它主要是来自你的恐惧，并会阻碍你寻找有效的解决方案。要想克服恐惧，最有效的方式就是建立更加强大的信念，你要学会告诉自己，"我不会害怕，我不会有任何焦虑。我会勇敢地迈出第一步，我要彻底抛弃我心中的恐惧和焦虑——因为我知道，我一定可以成功。"

当你做到这一点的时候，你内心的创造性就会被大大激发起来，你的信念的力量就会得到释放，你就会成为一名解决问题的高手。

方式 7 受害者永远无法改变环境

提高 AQ 的第七种方法是：明确地告诉自己："受害者永远无法改变其生存的环境。"每当你开始自艾自怜，大叫"我太可怜了"的时候，就表现出了你的受害者心态。这种心态将让你毫无作为。如果你再发现自己开始像一名受害者那样思考，我建议你立刻站起来，退后一步，深呼一口气。你不可能既是受害者，又是征服者。二者是无法共存的。

仔细回想一下，你可能会发现自己的某位家人或朋友也曾经遇到同样的问题。仔细回想一下他们的生活，你会发现，那种思维方式根本不可能让他们的生活有任何改变。或者如果非要说有什么改变的话，那就是他们的境遇变得更加糟糕了。

千万不要成为他们这样的人，否则你这一生都无法摆脱困境了。现在就告诉自己，绝对不要做一名受害者，要成为征服者——这完全取决于你自己的选择。

方式 8　明确目标

要想解决一个问题，你首先必须知道自己想得到怎样的结果。如果根本不知道自己要去哪里，你就很难知道自己是否到达了目的地。所以一定要做好计划，千万不要在一些对你的将来毫无用处的事情上浪费时间。

一天晚上，霍莉和我去看电影。我们前面排起了长长的队伍。我们知道自己想看什么电影，但即便不知道，我们也可以在轮到自己买票之前作出明确的决定。

相比之下，我们前面的那对夫妇显然没有作出任何决定。在整个排队的过程中，他们一直在讨论其他问题，最后，直到走到售票窗口前面的时候，他们才开始讨论到底要看哪部电影。

由于我本人总是喜欢事先做好计划，所以当我发现自己不得不等着这对毫无头绪的夫妇争论不休作出决定的时候，我感到非常生气。

我们都曾经遇到过类似的情况，并不只有在看电影排队时才会如此。要想取得成功，你必须要学会为自己设立一个明确的目标，只有这样，你才会有明确的方向。如果你不知道自己为什么要解决一个问题，那么解决这个问题就毫无意义。

方式 9 获取新的思想和知识

要想解决生活中的问题，你需要获取新的知识，对事物形成一些新的想法。一个人的思想会直接决定他的行为，而他的行为又会直接产生他所得到的结果。所以如果想要得到不同的结果，你就必须改变自己的思想。

在很多情况下，我们都想得到不同的结果，但同时却不愿意改变自己的任何行为。现在就开始，给自己一些新的想法。读些新书，听一些新的 CD 或录音带。看电视的时候换换频道。学会开始用一些不同的方式去思考。

本书的精髓就在于教你改变自己的思维方式。就像我们前面说过的那样，成功人士都是非常善于解决问题的人。在实现梦想的过程中，每当遇到问题时，他们总是会自动地改变自己的思维方式。他们拥有很高的 AQ，会设法想出各种解决方案来克服眼前的障碍，如果你想要看到自己的梦想得到实现，你也应该这样做。

第 **13** 章

你不"理"财，
财不"理"你

SOME PRACTICAL KNOWLEDGE

为什么绝对不要从经销商手上买车？
如何选择能给自己带来更多回报的房产？

说到这里，想必你应该已经明白了，我们每个人都有能力实现自己的目标，但除非你愿意为了成功而做出改变，否则就只能是白日做梦。你必须首先做好准备，为自己做好培训，以便在机会出现的时候能立刻采取行动。具体来说，你要通过不断学习来了解金钱和投资是如何运行的。

在接下来的内容当中，我希望你能抽出一些时间来学习一些实战技巧，帮助你更好地了解一些基本的金融问题。据统计，只要能够稍稍留意一下自己的花钱和投资方式，美国人每年就可以节省成百上千万美元。只要稍微懂得一些理财方面的常识，你就可以抽出自己的余款投资——事实上，最后你会发现自己居然有很多钱可以用来投资。举个例子：

许多美国人花钱最多的一个地方就是买车。这么多年来，只要稍微动点脑筋，我就从自己的交通工具上赚到了一笔不小的数目，而且并没有投入多少时间。

在买车这个问题上，你首先要明白，其实你根本不需要买新车。当你走入一家汽车经销店的时候，销售人员就会立刻做出判断：只要他们能够让你坐进车子，去感受一下那味道，那柔软的皮垫，你就会再也割舍不下。但就在你将车子开出大门的那一刻起，它立马会贬值50%。

到底是从经销商那里购买，还是从私人那里购买，二者之间有着本质的区别。如果选择前者，你就要承担一笔很大的税收，还要承担很多诸如上牌照和注册等费用——也就是说，在还没拿到钥匙之前，你就已经要付出几千美金了。

每次走进汽车商店售车的时候，我都会对销售人员的推销方式感到既惊又烦。比如说你可能事先已经做了大量的研究，你知道自己这辆车子价格是8 000美元，可他们的报价却只有6 000美元——甚至比你想象的还要低。就这样，本来可以卖到1万美元的车子，最终却只得到了6 000美元！

一般情况下，美国人每两年就会更换一辆新车，也就是说，他们每天要付给二手车交易商7美元。或者可以说，一生之中，你要为此支付500万美元。

通常来说，交通工具第一年会贬值25%，此后每年贬值15%。所以如果你是用2.5万美元买了一辆汽车，你就会在第一年损失6 000美元，到了第四年的时候，你将损失1.3万美元。如果你拥有一辆汽车2年时间，它每天就会花掉你12.41美元，如果从一生的时间来算，你就要为此付出900万美元——这就是你为了开新车而付出的代价。

买卖二手车的关键原则

1. 绝对不要买一辆超过4年的二手车。因为当你想要出手时，你会发现情况并不会如你所愿；

2. 千万不要买一辆行驶里程超过 9 万公里的二手车；

3. 尽量选择那些仍然留有厂家保修单的二手车；

4. 绝对不要从经销商手上购买；

5. 绝对不要买一辆有过大修记录的二手车；还有，在交易之前记得一定要进行一次全面检查；千万不要选择那些出过事故的二手车。

在挑选二手车的过程中，建议你使用 AutoTrader 来寻找自己喜欢的车型，并且用全球最大的第三方汽车网站凯乐蓝皮书 (kbb.com) 来判断该车的价值。对于我来说，每次在 AutoTrader 选择二手车的时候，它的价格至少要比私下交易低 1 500 美元，即便如此，在进行交易的时候，我的报价还是会比网站的报价低 500 美元。但我仍然需要重复的是，在交易之前一定要仔细检查该车是否发生过车祸。这些都是在进行实际购买之前必须要做的准备工作。

除了上面谈到的这些原则，还有一些事情你也不能忽视。一定要检查轮胎，此外要注意那些一上高速公路就会漏油或者是发出奇怪噪音的车子；还要确保车闸一切正常；如果你对机械方面的东西的确一窍不通，不妨花钱请人来帮忙，确保你所中意的车子保持着良好的状态。请一名机械工人最多只需要 100 美元，但这笔投资最终却可以帮你节省成千上万美元。

就在买回我心仪的车子的当天，我会将其公布在 AutoTrader，以低于出厂价 250 美元的价格报价，这样我就可以一直开它直到有人接受我的报价那一天。一般情况下，当我出售这辆汽车的时候，我可以赚到 500 美元 ~ 1 500 美元。正是这种方法可以帮我每年节省 1.1 万美元——一辈子可以省下 100 万美元。就这样，我每过 3 个月～6 个月就花上三四个小时重复一遍这样的工作，在卖掉旧车的同时给自己买部新车。这种方法不仅可以让我经常开到自己更喜欢的车型，而且还可以节省大量的金钱。

投资房地产的重要技巧

如果想要发财，或者想要取得成功，房产也是你必须了解的领域之一，否则你就会错过很多可以轻松赚到一大笔钱的机会。

在此之前，我仅靠买房子就赚到了超过 50 万美元。毕竟，对于绝大多数人来说，买房子都是自己最大的投资，如果处理得当，也可以为你赚到更多的钱。毕竟，我们每个人都需要一个地方来生活。既然如此，为什么在选择房产时不多花点心思，选择那些能够给你带来更多回报的房产呢？

在过去的 2 年中，我已经靠投资房产赚到了 30 万美元。在亚利桑那的某些地区，当地的房产每年升值的幅度高达 35%。但即便是升值幅度只有 8%、9% 或者 10%，那也没有任何关系。只要你在银行的贷款利率不高于 4% 或者 5%，而房子的升值幅度能达到 8%，你就可以用银行的钱来让自己的资产增值。除此之外，你还可以通过这些投资来为自己减免税收，获取更高的信用值，也可以在找到一个栖身之所的同时为自己赚到更多的钱。

在选购房产的时候，只要注意以下几点，你的资产就可以实现增值。在这个问题上，我很赞成《富爸爸，穷爸爸》作者罗伯特·清崎的说法，那就是一定要请一家很好的经纪公司。你之所以需要一家经纪公司，是因为在大多数情况下，他们可以为你争取到更高的价格，比你自己亲自出售更加划算。他们可以将你的房产信息公布在更多的地方，帮你更快地达成交易。时间就是金钱，所以我建议你一定要为自己选一家出色的经纪公司，而不要为了省下那 6% 的佣金而亲自出售房产。

不管你是买进还是卖出，也不管你是在买二手房还是新房，你都需要一家经纪公司来帮你处理整个过程。如果你是在买进一套新房，在看房子的时候一定要带上你的经纪人，这样他们就可以帮你搜集到所有的信息，并告诉你这笔交易是否划算。他们还可以帮你更好地了解新房周围的情况以及其他相关信息，而这一切都是你在达成交易之前所必须了解的。

如果你已经超过 18 岁，却仍然没有自己的房子，我建议你不妨现在就计划给自己购置一套。在十八九岁的时候，你可以一边完成大学学业，一边为自己购置一套不错的房子。这样你就可以让你的朋友们搬进来跟你一起住，让他们支付一定的租金，然后你可以用这笔租金支付自己的分期付款。到你大学毕业的时候，你就会在银行里有一笔不小的存款，而你的人生也有了一个更好的新的开始。设想一下，大学刚一毕业，你不仅还清了所有的助学贷款，给自己准备了一套房子，而且还有一笔数目不菲的存款可供支配。这是不错的开始，不是吗？所以在我看来，对于任何人来说，一旦超过了 18 岁，就可以开始考虑为自己买套房子了。

在开始寻找房产之前，你首先需要做好自己的财务规划。联系你的不动产经纪人，找人为你做资质担保，这样你就可以事先弄清楚自己所能承受的房产价格范围。如果你想要在 3 年之内还清贷款，我建议你事先一定要了解一下 3 年内可调整利率抵押可调整的范围。这样你就可以为自己争取到尽可能低的利率，而且丝毫不会影响你在 3 年之内的任何购物计划。即便是只省下了 1% 的利息，那也是一笔不小的数目。还有一点需要注意的是，许多银行都会要求那些提前还款的客户支付一定的罚金，所以在与银行签订贷款协议的时候，一定要确保你如果在 1 年之后提前还清贷款，但不需支付罚金。

很多人经常会忘记 ARM 贷款的相关规定，因为他们总是想要签订一份 30 年的固定还款协议。但在实际还款的时候，他们又会有意无意地每月多还 300 美元～500 美元，殊不知这种做法绝对是在浪费金钱。要知道，如果是将房地产作为一项投资的话，你总是会在 3 年～5 年之内将其出手，而 30 年的固定还款协议只能会让你多付很多利息。所以在选择房产的时候，不妨告诉自己，房产并不只是一个栖身之所，你还应该把它看成是一种投资。

找到中意的房子后，你要做的第一件事就是找到两份真实的价值评估。你需要了解清楚自己到底需要支付哪些成本、所有的相关费用，以及你所需要承担的利率。记得在买第一套房子的时候，我曾经以为所有的银行都会提供相同的利率，但事实却并非如此。你可以找到不同的银行，毫不犹豫地说："告诉你，其他银行给我的利率是 4.25%。"遇到这种情况的时候，对方的回复通常是："哦，我们不可能给到那么低。不过请稍等片刻，让我来想一想。"这样的话通常令人不舒服，因为你可能会觉得他们第一次就应该给出最优报价。"嗯，"思考片刻之后，对方可能会告诉你，"我们可以把利率降到 3.9%，而且我们可以把其他费用由原来的 0.75% 降低到 0.5%。"

如果你能多花点时间，详细了解一下情况，你就可以节省成千上万美元。你的不动产经纪人会为你完成所有的这些工作，而你也应该主动要求他们帮助你完成，以便你能够了解整个流程。记住，一定要把握好时机，随时随地学习。

在寻找房子的过程中，尤其是在第一次买房子的时候，你需要找到一些激励因素。记得我们第一次买房的时候，在美国的一些州，政府会主动向那些首次购房的人提供每月 300 美元的补助金。当时我们每月的月供大约是 600 美元。这样算来，我当时每月其实只需要负担 300 美元的月供就可以了——之所以如此，一个最主要的原因就是因为我事先做了一些研究。如今情况变得更加简单了，你只要打开网络，瞬间几乎就可以了解到所有的相关信息。

在购置房产的过程中，如何支付预付金也是一门学问。只要稍微动下脑筋，你甚至可以连预付金都能争取到。首先你可以做下研究，找到一些愿意向你提供预付金的人。如果你有一套房子并且在支付你的 PMI（Private Mortgage Insurance，私人抵押保险。——译者注），我建议你不妨重新考虑一下这件事情。在我看来，这个世界上最愚蠢的事情就是私人抵押保险了。银行之所以要求你购买私人抵押保险，是为了防止你出现拖延支付的情况——一旦你有所拖延，保险公司就会负责向银行支付。私人抵押保险每月会花掉你 200 美元，而只要支付房款总额的 80%，你就可以免掉这笔费用。很多银行都会提供 80 ～ 20 贷款（美国许多银行都奉行的一种贷款政策，在申请住房贷款时，如果客户能够一次性支付该房产金额的 80%，则客户在向银行申请借贷余下的 20% 房产金额的时候就可以不必支付相应的保险金。——译者注），这样你就可以免去支付私人抵押保险费，你每月的开支就会大大减少。所以如果你现在正在支付私人抵押保险费，我建议你不妨立刻请人来对你的房产进行评估，尽快取消你的私人抵押保险。根据我的经验，经过评估之后，大多数人都可以取消这笔费用。

如果你现在正在考虑购置房产，它的价格通常不会高于 30 万美元。很多人都喜欢购买新房，因为新房的价值通常会在第一个 5 年之内迅速攀升。而且从纵向比较的结果来看，新房的升值的速度要比那些六七年的房产快很多。很多人之所以会在购房 3 年～5 年之后将房子出手，原因就在于此。你可以买套新房，保留 3 年～5 年时间，然后出售。一般来说，通过这种方式你可以获利 3 万～7 万美元，有时甚至可以获利超过 15 万美元。

当一套房子价格超过 30 万美元时，你就可以得到很多附加的好处，比如说出色的社区环境等，所以二手房有时也会是不错的选择。当你选择价格在 30 万以下的房产时，一定要注意考察它是否有快速升值的潜力。我的一位名叫戴夫 (Dave) 的朋友曾经买过一套房子，当时开发商承诺他可以在 6 个月之内搬入新居。等到过了 6 个月，戴夫和他的家人搬进新居时，房子的价格已升值了将近 10 万美元。此时他甚至还没开始支付房款，如果将房子卖掉，他可以获利 10 万美元。至于房子到底保留多长时间，完全取决于你所面对的价格范围。但如果你购买房子的初衷是进行投资的话，你就需要在 3 年～5 年之内将其出售。

需要提醒的是，在寻找房产的过程中，一定要留意房子所处的社区环境。比如说看看房子附近是否有公园。毕竟，如果准备在未来不久将其出售的话，你就应当仔细考虑一下未来潜在买家前来看房时的感受。可以想象，如果房子周围的环境很糟糕的话，你在将其出手的时候就不会那么顺利了。

再比如说，房子的后面是否有条马路？如果房子的后面有条高速公路，或者是一条繁忙的大街，它就会大大影响房子再出售时的价格。如果房子后面或者附近有一大片空地，那一定要在签订购房协议之前了解清楚这片空地的用途。开发商准备用它来做什么，是盖百货公司还是要盖住宅楼？这也同样会影响房子出手时的价格。所以你需要让你的经纪公司事先仔细了解清楚周围的情况，有时你甚至需要在晚间亲自感受一下社区的生活环境——因为你要确保周围不会有各种社会上的流氓地痞惹是生非。所有这些因素都会影响房子再出手时的价格。

当然，除了考察房子周围的负面因素之外，你还要观察一下它会有哪些积极的因素。比如说周围是否会建一些大型商场，这自然会大大增加房子的价值；而如果周围建起了高速公路，它就能帮助吸引更多的人来到这里，其价值自然也就会大大增加。

还有就是要考察周边是否有可能修建休闲度假的地方，这同样会让你购置的房产升值。背靠一片绿化带能吸引很多人，这样房子的背后就会有很多空间，房主也可以享受更多的个人隐私；背靠或者是紧邻一座公园也可以让你的房子增值不少，尤其是对于准备购房的家庭来说。所有这些因素都可以帮助你更快地将房子脱手，而且有利于你的房子实现增值。

还有一点需要提醒的是，对房子进行装修会减少你的利润。打个比方，如果你的经纪人告诉你这一带房子的价格是每平方米 1 100 美元，那么一栋 300 平方米的房子价格就是 33 万美元。即便是你在自家的院里修建一个价值 10 万美元的游泳池也毫无用处——它丝毫不会为你的房子带来增值。但事实上，大多数人都没有意识到这一点。

对于有些买家来说，游泳池的确会对他们有很大吸引力，但你必须清楚，它到底能让你的房子增值多少。如果你花了 2 万美元修建游泳池，但买家却只愿意多出 6 000 美元，你无疑会损失 1.4 万美元。这的确让人感到为难，因为如果你的孩子非常喜欢游泳的话，你可能不得不为此修建游泳池——但同时你非常清楚，孩子们每游一次泳，你就要损失 100 美元。总而言之，即便是在自家后院修建游泳池有利于你更快地卖掉房子，它也可能会对你的房产价值产生一些负面的影响。

举个例子，你可能花 20 万美元买了一套房子，然后决定在房间里装上大理石地板，重装整个屋顶，并进行其他装修。总的来说，加上装修费用，你在这套房子上的投资将达到 30 万美元。但到了最后，当你想要出售这套房子的时候，它的最高价格可能只有 22 万美元。而换种方式呢？你可以选择用一种价格不是那么昂贵的地毯，尽量少改动房子本身的结构，少做一些装修。记住，简单的装修可以帮你把房子更快地出手，因为买家并不会因为你做的装修而提高报价。

另外，永远要记住地理位置的重要性。人们总是会说，"只要选择稍微离市中心远一点的地方，你就可以买套更大的房子。"的确如此。但需要指出的是，城里的房子和郊区的房子之间有着巨大的区别。

按照这种方式，你每月因为驾车所损失的金钱明显要大于你在城里购房需要多支付的月供。

表 13.1　两套房的房价及月供差额（单位：美元）

	城里的房子	郊区的房子	差　额
房　价	220 000	200 000	20 000
月　供	1 125	1 000	125

表 13.2　每月驾车的费用差额（单位：美元）

	城里的房子	郊区的房子	每月差额
地理位置造成的时间损失	1.7 美元 （驾车 10 分钟）	10 美元 （驾车 60 分钟）	368
燃油费	20	100	347
额外的保养费用			100
总　计			815

注：以每小时价值 10 美元计算，每月的时间损失就是 368 美元

所以，从账目的情况来看，如果你想要在郊区购置一套房子并且升值，你就需要保证这套房子的价格要比城里的同样房子低18万美元。所以哪怕是贵上2.5万～5万美元，我都鼓励你选择一套距离工作地点比较近的房子。

在选购房子的过程中，还有一件你可能会遇到的事情就是期权式购屋（买家先支付给卖家一定金额作为购买房屋的首付金，然后在最初的1年～3年时间里，买家通过支付房租来获得房屋的使用权，随后便开始分期付款，最终付清所有房款时，房产就归买家所有。——译者注）。表面上看，这似乎是一个非常不错的选择。但仔细想一想，你就会发现一些问题。比如说，为什么对方会选择使用期权式购屋呢？你觉得他们只是想帮助同一个社区的人，好让他们能够居住在自己喜欢的地方吗？

当然不是，事实上，期权式购屋的主要对象是那些在银行没有良好记录的人。如果有可能的话，一定要尽量远离那些需要使用期权的方式购置房产的人，因为这样你最终可能需要为其付出巨大的代价。一旦签订期权购买协议，房价的升值就将与你毫无关系，这也就意味着，对方将享受所有的升值收益，而你却要不停地支付月供。

简单地计算一下，如果一套房子的升值率是8%，房子当前的市值是30万美元，这样你每年就等于损失了2.4万美元。在签订期权协议2年的时间里，你需承担4.8万美元的损失，而且每年还要多承担3 000美元～5 000美元的税收。这也就是说，在签订期权协议之后的两年之内，所带来的损失将达5万～6万美元。与其这样浪费自己的信用记录，还不如将其用到适当的地方。比如你可以在城里买套新房，即便是第一次购房，你也可以从中获得5万～10万美元的收益。

将购房作为一种投资

除了栖身之外，房子还可以作为一种投资。对房地产的相关知识了解得越多，你就会越想要通过房地产投资来赚钱。一般来说，除非出现了极其糟糕的情况，否则投资房地产通常都是一个不错的选择。在过去的 1 500 年里，土地始终在保持不断升值的势头，而且我们有理由相信，这种势头一定还会持续下去。

如果你用 15 万美元买了一套房子，持有 5 年，大多数情况下，它的价格都会涨到 20 万美元——每年增值的幅度高达 1 万美元。

我知道你在想什么。你可能会觉得这样会让你每月损失 200 美元，这怎么会是一笔好的投资呢？之所以说亿万富翁跟我们想的不一样，这也是一个例子。要想理解这笔投资的意义，你必须学会研究各个细节。

每年，你都会在自己的房产上投入 2 400 美元，没错，虽然你可以通过出租房子来换取资金支付房款，但你还是需要投入这笔钱。但与此同时，房子的价值增幅却会高达 1 万美元。也就是说，你每投入 2 400 美元，房子的价值就会增加 7 600 美元，投资回报率高达 400%，这还不包括你因为将房子出租而节省下来的税钱。所以你每月的损失其实并没有 200 美元，而投资回报率却肯定超过 400%。

不仅如此，如果你在接下来的 5 年～ 10 年时间里继续将房子出租，你的租金收益大约每月增加 1 200 美元，这样除了其他方面的增值之外，你每月单凭租金所产生的收益就可以给你带来 200 美元的纯利润。10 年之内，房子的价值至少会增加到 27 万美元，你每年的利润也就能增加到 1.4 万美元。对于一笔数目不太大的投资来说，这个回报率显然不低。不妨再设想一下，若你同时拥有几套这样的房子，结果又会怎样？

但需要指出的是，这种投资的前提是你的信用级要达到"优异"，而且你要有 5% ～ 10% 的首付款。所以要想进行这种投资，你最初需要投入至少 1.5 万美元。如果你暂时没有这笔钱，不妨考虑寻找一些合作伙伴。或者你也可以攒钱，直到筹足金额为止。所以，在开始投资之前，你必须想尽一切办法为自己挣到足够的资金。

另外一种投资就是所谓的"直接转手"（flipping）购房。比如说有人用 15 万美元买了一套房子，然后以更高的价格将其转卖出去。出现这种情况的原因有很多，有可能是房主一时资金周转不灵，或者是其他原因等等。大多数情况下，房主只付了一部分房款，但由于房主急需资金周转，所以他们不得不忍痛割爱，将房子转手出去。

如果投资得当，这样的房子可以在很短的时间里为你带来相当不错的利润。但在决定交易之前，一定要记得算清楚所有的成本。

你也可以用这样的方式来处理自己现在居住的房子。请来一家装修公司，做一些简单的装修，然后放到市场上销售。你可以一直住到有人来买房为止。哪怕短期之内没有人来买房，你也不用过于担心，因为房子每月都会升值，而你不仅可以享受房子的升值收益，而且还可以享受减免税收的实惠。一旦房子出手，你可以将整个过程再重复一遍。过了一段时间之后，你就可以多买几套房。就这样，在一个相对较短的时间里，你就可以获得一笔价值不菲的不动产了。

需要记住的是，在整个过程中，你已经改变了用那种"小富即安"的思维方式。你的房子已经不再是一笔负担，而是一笔能帮你带来利润的投资了。这就是亿万富翁的思考方式。你越是学会用这种方式来思考，你就越容易变成亿万富翁。

第 **14** 章

财富其实就在你身边

WOULD YOU WORK HARDER FOR A MILLION DOLLARS

为什么只要多付出 5% 的努力，就可以赚得百万美元？
究竟谁是你的头号顾客，你知道么？
全球最大的建材销售商家得宝的搬运工通常需有 6 个月的试用期，
为什么安德森只花了 3 周就做到了？

如果我告诉你，只要更努力地工作，你就可以赚到 100 万美元，你愿意吗？在本章中，我们将讨论这个问题。我将告诉你：只要你努力地完成自己当前的工作，命运之神就会为你安排好你的下一步人生。在打开本章之前，我们先来了解一下约瑟〔Joseph，《圣经·创世纪》中的人物。——译者注〕的生活。众所周知，后来约瑟成为了当时世界上最富有的人。他是怎么办到的呢？无论做什么工作，他都能做到最好。无论是作为一名奴隶，还是囚徒，他都能在自己所处的环境中成为最优秀的人。如果说他有什么成功秘诀的话，努力工作就是他的成功秘诀。

你可能感觉在自己当前的工作当中看不到未来。没错，你的未来并不在你当前的工作中，而在你自己身上。**如果你能够在自己的工作和生活中付出比别人多 5% 的努力，你就可以更好地开创自己的未来。**你在工作当中的辛勤付出会直接转化为你所获得的财富，并会进而决定你人生的未来走向。你的工作进步越快，加薪也就越快，财富增长得也就越快，而你主导金钱的日子也就到来得越快。

只有你才能完全掌控自己的工作质量。你可以选择继续得过且过，将就着应付自己的工作，也可以在工作当中努力追求卓越。这一切都完全取决于你。

我们大多数人都不愿意在工作当中多付出 5% 的努力，我们只是在祈祷："神呐，保佑我的工作，让我早些升职加薪吧！"

一旦发现自己的愿望没能实现，你就会不停地抱怨："神呐，我明明已经祈祷了，为什么我到现在还没有加薪呢？"

你的上司并不会因为你的祈祷而给你加薪，就算是神也不能强迫他这么做。但如果你能努力追求卓越，努力在自己的工作中竭尽全力，做到最好，自动自发地去完成更多任务，你的上司很快就会注意到的。他会开始给你更多的项目——因为他知道你能够按时按量地完成自己的任务。他会看到你每天很早上班，一直待到很晚才离开办公室。他会看到你总是很快吃完午饭，然后回到自己的座位上开始工作——然后他会为你所做的一切而奖励你。所有这一切都会给你带来更多的收入，从而让你可以有更多的资金用来进行投资。

如果你现在就开始这样做，相信过不了多久，你的上司就会给你加薪。一般来说，人们每年加薪的幅度大约是 6%，所以不妨设想一下，如果你能够更加努力，让自己每年多加薪 5%，则如果你当前的年收入是 2.1 万美元——这是一个低于正常收入的水平——那么在 15 年之后，你每年的收入将会是 5 万美元。可如果你每年能够在这个基础上多加薪 5%，则 5 年之后，你的年收入将会达到 10 万美元。也就是说，如果能保持每年多加薪 5% 的水平，15 年之内，你的收入就可以达到同龄人的 2 倍。

如果能用多赚的钱进行投资，那么你就可以在银行里放上 1 300 美元 ~ 1 500 美元的资金。不错吧。为此你需要付出怎样的代价呢？你必须比别人多付出 5% 的努力：每天早到 10 分钟，下班时晚离开 10 分钟。你必须在自己的工作当中表现出自己的价值。

哪怕你不喜欢自己的工作，那也没有关系。别忘了，你并不是在为自己做事。工作只是一种实现自己人生目标的方式。记得刚开始在汉堡王工作的时候，我也不喜欢做汉堡，可没有关系，做汉堡只是我实现自己的人生目标的一种方式。

问问自己，当身边没有其他人在场的时候，你还会努力工作吗？你是否需要别人强迫的时候才会努力工作呢？当上司不在场的时候，你是否会玩电子游戏，而只要一看到上司走进来，你便会立刻假装在努力工作呢？如果上司提前离开办公室，你是否还会继续专心完成自己的工作呢？

如果你总是需要在有人监督的时候才会努力工作，那你就没有表现出一种对自己负责的态度。如果一味坚持这种做法，你就只能跟95%的普通大众保持在同一水平线上。你会一直从事着平庸的工作，心里却总是困惑为什么有些人可以过上完全不同的生活。

这种想法之所以行不通，是因为你并没有多付出5%的努力。现在就改变这种状态吧！哪怕上司不在，你也要竭尽全力完成手头的工作。当身边的同事把事情做得一团糟的时候，你应该主动站出来制止大家，告诫大家要集中精力，专心眼前的目标。一旦工作需要，你可以毫不犹豫地加班，直到完成工作为止。当你的上司听说这些之后，他便会开始留意你，并主动给你加薪。

我父亲刚开始搬到亚利桑那州时，他始终坚持多付出5%的原则。就这样过了一段时间之后，他的生活和经济状况开始达到大多数人一生都难以企及的层次。刚开始工作那段时间，为了照顾自己的家庭，他每天凌晨3点开始起床工作，直到晚上7点才回家休息。

1978年的时候，他平均每小时收入4美元，这并不足以养活一家人，所以他必须每个星期工作95小时～100小时。记得有一次，他得了一种慢性病，医生让他停止工作，在家休养。可他根本没有时间生

178

病，为了继续工作，他不得不将每星期工作的时间缩短到 70 小时。正是凭着这种拼搏和敬业精神，他才取得了今天的成就。无论做任何事情，他都是努力做到最好。

你也需要同样的精神。问问自己，无论在哪里工作，你都能全力以赴吗？你会在与人交往，在自己的财务问题上，以及在自己所做的任何工作当中做到始终倾注全力吗？如果不能做到这一点，你就会像大多数人一样一生碌碌无为。你会过一种平庸的生活，有一桩平庸的婚姻，像大多数人那样过完自己的一生。

我父亲总是非常注重小事，后来才渐渐掌管大事。这个世界上有太多人总是喜欢一开始就做大事。他们喜欢自己开公司，自己当老板。这样的人没有弄清楚这样一个道理：大事总是从小事开始的。我父亲曾经在一家制冷机公司工作，当时这家公司只有几名员工。后来父亲开发了一种在亚利桑那非常流行的制冷机，一上市便大获成功。一年之内，公司就从几名员工成长到将近 50 人的公司。我父亲并没有因此得到任何特殊的奖励或认可，但他还是全心全意地去帮助自己的公司，帮助自己的上司取得成功。

当你帮助另外一个人取得成功的时候，你自己也就会取得成功。为什么不去努力帮助你的上司取得成功呢？为什么不努力让你的部门取得成功呢？帮助别人成功就像是播下一粒粒种子，它最终会让你自己走向成功。

以下都是一些最基本的原则，只要能够坚持做到这些，你就能够为自己争取到 5% 的额外奖励。不仅如此，你还会为它的神奇效果而吃惊。

原则1 找到你的头号客户

当我开始在家得宝工作的时候，我们在公司的培训录像带中看到这么一段话：客户永远是第一位的。没错，你的确需要全力照顾好自己的客户，但你要明白一点，他们并不能给你加薪。你的上司才是你的头号客户，所以你的目标应该是让他高兴，让你的上司取得成功，并不断问对方："我要怎样才能让你的工作变得更加轻松？"

大多数人的做法则恰恰相反，一看到上司走过来，很多人都会立刻调转方向。他们总是抱怨上司："他总是不在办公室，我从来没看见他在工作。"可实际上，你的态度应该是："我怎么才能更加努力工作，让上司的工作变得更简单，更容易呢？我怎么做才能让我的上司不用那么辛苦呢？"

只要态度正确，多争取 5% 的奖励并不困难。记住，你的上司才是你的头号顾客。

原则2 让你的上司取得成功

如果你只需每天多加班几个小时才能完成某个项目的话，不妨立刻动手去做。弄清楚上司的目标是什么，然后尽全力帮助他实现，千方百计让他取得成功，你才能取得成功。

原则3 弄清楚对你的上司来说，什么是最重要的

弄清楚上司的喜好，以及他所欣赏的工作风格。毫无疑问，在不同的公司里，上司的喜好和他所欣赏的工作风格是不一样的。记得我

在家得宝工作的时候，公司告诉我们，客户永远是最重要的，于是员工便把所有的时间都用来跟客户打交道，可结果这样的员工却经常会被开除。为什么会这样呢？因为当经理来到某个区域的时候，他经常发现很多存货都堆积在过道上，所以这样就会出问题。

我会向客户表示热情的欢迎，告诉他们该去哪里找到自己想要的东西，然后专心整理货物。这样当经理来到我负责的区域时，他会发现一切都井井有条，这时他立刻就会意识到我和其他员工之间的区别，所以也很快就会给我加薪了。当时我每小时的薪水是 5 美元，通常情况下，家得宝的员工每次加薪是 0.25 美元（每小时），可我的上司一次给我增加 1 美元（每小时）的薪水——就是因为我知道自己的上司真正需要什么。

在你的工作当中，不妨留意一下，你的上司总是在抱怨什么？只有首先弄清楚这个问题，你才能真正地让你的上司感到开心，并最终帮助你赢得更多的加薪机会。

原则 4　要善于跟上司套近乎

回过头来看看，我觉得我应该更多地跟上司套近乎。1991 年的时候，我曾经在家得宝对一个名叫肯的家伙进行培训。加入家得宝不到 6 个星期，他便成了一个部门的主管。我们总是取笑他，因为他总是跟上司套近乎，总是在问上司需要什么帮助。两年之内，他就成了一家店的经理，如今他的年薪已经达到 6 位数，身价上百万美元。他的工作简直令人吃惊，其升职的速度也非同一般。我们总是嘲笑他，让他不要再做跟屁虫了，可他知道自己怎样才能获得成功，时至今日，他已经在银行里存上了数百万美元了。

原则5 对上司保持忠诚

想想看约瑟的一生取得了怎样的成就。他被卖到了波提法
（Potiphar）家当奴隶，而波提法很快就让他负责管理自己的所有财产。
对于一个奴隶来说，能够在这么短的时间里获得如此的信任，他一定
有超乎常人的地方。

一天，波提法的妻子想要勾引约瑟，可对主人极端忠诚的约瑟立
刻表示拒绝。波提法的妻子勃然大怒，开始挑拨波提法和约瑟之间的
关系，于是约瑟被扔进了监狱。但约瑟仍然没有改变自己的做法。刚
进监狱不久，他就再次得到提拔，负责监狱里的一切事务。正是凭着
自己的忠诚，他最终成为了整个埃及的二号人物。

约瑟这种追求卓越的精神让他在众人之中脱颖而出，这也正是你
所需要的。约瑟对所有服务过的人都表现出了无与伦比的忠诚，他从
来不会在任何人面前说主人的坏话，也不会跟那些说自己主人坏话的
人交往，因为他不想让自己受到负面的影响。忠诚包括内心的忠诚。
记得一位哲学家曾经说过，哪怕你在心理上对一位女士有所图谋，那
也是一种越轨的表现。在心里抱怨你的上司跟当众说出你的抱怨其实
毫无二致，你内心的任何想法最终都会在外在表现出来。**负面的想法
也自然会给你带来负面的结果。**

原则6 注意你在上司眼中的形象

一定要注意你在上司眼中的形象，因为这才是真正重要的东西。
在家得宝工作那段时间，每次上司看到我的时候，我都是在努力工作。
平常我可能会跟其他同事聊聊天，闲逛一番，可一旦看到上司出现，

我便会显得更加努力。

刚刚进入家得宝的时候，我负责仓库外面的搬运工作——在我看来，这可算得上是世界上最糟糕的工作了。我们每天都要在外面搬运水泥沙子，或者是硕大的手推车，所有这些都要在商店外面的空地上冒着酷暑完成。我的朋友道格比我早去了3个月，他告诉我，几乎所有加入家得宝的人都要经过这样的考验。能够结束这段实习期的最短记录是4个月，通常情况下，需要6个月的时间我们才能进入店内工作。

要知道，你的上司并不会每时每刻都跟在你身边，所以他主要是根据自己见到你时的情景来判断你的工作。我的父亲很早就告诉我这一点。进入家得宝之后，我发现，经理们总是在收银台附近转悠，而我们每天搬运东西的时候都要经过收银台附近的区域。

于是开始工作后不久，我就想到了一个办法，就是每次搬运东西，在外面的时候，我都会走来走去，可一到经理附近的时候，我便开始跑起来。放下手推车，我便立刻向门外跑去，一到门外，我便会立刻放慢脚步，走到下一辆手推车前。道格认为这是他见到过的最愚蠢的做法了——可只用了3个星期，我便被安排到室内做事了。

之所以会出现这种情况，并不是因为我比别人更加努力，而是因为我的经理认为我比别人更努力。我并不是鼓励你平时懒惰，只有在经理面前才装模作样。毫无疑问，你应该努力工作，但当经理在旁的时候，你应该表现出一种别人无法持续的工作节奏，只有这样，你才能在经理心目中留下深刻的印象。

印象比真相更重要。 如果你的上司感觉你工作得非常努力，他就会给你加薪升职。我知道有很多人平时工作都非常努力，只是当经理在身边的时候，他们碰巧正在休息，所以经理就会形成一种错误的印象——认为他们总是在休息。一般来说，经理会根据见到你的5分钟来判断你的行为。你可能在一天的绝大部分时间里都在努力工作，只是偶尔休息几分钟，可一旦经理过来，发现你正在玩电子游戏，他便会感觉你整天都在玩游戏。所以处理好与上司的关系一个最基本的要素就是在他心目中留下良好的印象。

原则 7　成为一名问题解决者

你的上司的问题已经够多了，所以他并不需要你在他的问题清单上再增加任何内容。他需要的是解决方案。上司总是会提拔那些能够帮助自己解决问题，而不是给自己带来更多问题的人。如果你现在还不是一位问题解决者，不妨想办法让自己成为一名这样的人。在遇到问题，向上司求助之前，不妨多花 15 分钟仔细想一下。如果你的公司或部门总是遇到这种问题，不妨仔细想一想，你怎样才能帮自己的公司或部门一劳永逸地彻底解决它。

原则 8　内心始终保持激情

任何工作都会变得无趣。当我在汉堡王做完第 1 000 个汉堡时，我内心产生一种极端的厌烦。这时父亲告诉了我一种方法，他告诉我要学会让自己的工作变成一种游戏。因为一般来说，一个人只有在做游戏的时候才会始终保持激情。我的游戏就是速度比赛，看看我最少能用多长的时间来完成一个汉堡。当时我给自己定下了一个目标，就是成为这个世界上制作汉堡速度最快的人。所以在相当长的一段时间里，每次一听到有人点了汉堡，我就会感到兴奋不已。就这样，我疯狂地爱上了自己的工作，总是想要尽最快的速度完成所有的工作。每次工作的时候，我都会感觉时间不知不觉就过去了。你也是如此，一定要为自己设定一个目标，只有这样才能让你的内心始终保持激情，让你的工作质量变得越来越高。

原则9　竭尽全力追求卓越

文森·隆巴迪（Vince Lombardi）曾经说过："一个人的生活质量跟追求卓越的精神直接相关，无论他选择什么职业都是如此。"很多人之所以平庸，就是因为他们不愿意追求卓越。

你的衣着打扮怎样？你与人的沟通能力如何？你在跟人交往的时候是否保持真诚？你在工作的时候是否全力以赴？你是否在做任何事情的时候都努力追求卓越？为什么有些人喜欢得过且过，会每天花上六七个小时看电视，让自己过着平庸的生活？

总而言之，你真的在追求卓越吗？不妨对照我上面列出的这些原则给自己打一下分。追求卓越可以为你带来成百上千万美元的收入。问一下自己，如果我能给你500万美元的话，你愿意为我做些什么？只要每天上班的时候早到10分钟，下班的时候晚走10分钟，在工作的时候竭尽全力——这就是你需要付出的全部代价。

穷人与富人的距离，只有 0.05mm

关于如何创造财富，洛克菲勒曾经有一段经典的论述："哪怕让我倾家荡产，全身扒光，把我丢在沙漠里，只要能够给我一点水，再有一列商队经过，我仍旧可以成为亿万富翁"。

也有人这样评价唐纳德·特朗普："即便你抢走他的一切，只要给他一点时间，他又会恢复到今日的身价。"

可以毫不夸张地说，这个世界上 99% 的人每天都在思考这样一个问题：有钱人为什么会有钱？这正是斯科特·安德森在本书中将要回答的问题。

安德森就是一个从穷光蛋变成有钱人的例子。

两年前，安德森发现，在美国这样一个充满机遇的国家当中，有钱人只占人口总数的 5%，有 95% 的人都只是在维持生活，他希望自己能成为这 5% 的人中的一员，所以他削尖了脑袋想弄明白一个问题：有钱人到底是怎么想问题的？

为了寻找这个秘密，他"采访了无数百万富翁，阅读了

20多本关于如何成为百万富翁的书，收听了400多小时关于如何致富的CD……"

他所找到的秘密立刻扭转了他的生活，就在两年前，他还只能勉强度日；两年后，他却已积累了数百万身家，在这本书出版时，他正在通向亿万富翁的道路上狂奔。

安德森之所以能够在两年之内将自己的资产从25万美元提升到300万美元，关键就在于他摸清了有钱人在7个问题上的独特思维方式：金钱、投资、工作、风险、智慧、时间和困难。

在这7个问题上，占美国人口总数5%的有钱人和其他95%的普通人有着不同的思考。

95%的普通人认为"钱挣来就是花的"，他们相信，"投资是有钱人才能做的事"，"要想赚大钱，最可靠的途径就是努力工作"，"只有安稳的生活才是幸福的"，"即便是进行投资，也要首先想到规避风险"；他们总是想着要避免自己的生活"出现问题"，总是在不知不觉中挥霍自己的时间，每天生活在无忧无虑之中，只有在遇到麻烦的时候才会想到临阵抱佛脚，而对于那5%的富人来说，他们的想法和做法则截然不同！

记得有一本书曾经说过："**穷人与富人的距离，其实只有0.05mm**"，0.05mm的距离，甚至远不如一张纸的厚度，但它却足以将一个人阻挡在富人的世界外。

翻完了安德森的这本书之后，我才突然发现，原来那0.05mm的障碍，就是我们自己。

一个人的思想，决定了他的成就。如果你脑子里每天充斥的都是穷人的想法，你这辈子恐怕就只能做穷人了；反过来说，如果你从现在开始学会用富人的方式去思考，你的命运就一定会发生改变。

　　人的一生是一个不断突破自我的过程，无论是穷困潦倒时的灵光一闪，还是锦衣玉食中的恍然大悟，人生的每一次改变，都源于我们内心的改变。生命之美就在于此。

　　一位哲人曾经说过："一个生下来就穷，到死还是穷的人，和一个生下来就富，到死还是富有的人相比，他们的一生其实没太大差别。"道理非常简单，他们都没能战胜自己，没能在自己的人生道路上实现突破。

　　所以说，人是自己最大的敌人，因为一个人最难战胜的，其实是自己。对于那些期盼自己的生活能够有所改变的人来说，你首先需要的，就是审视自己的内心，反思自己的思维，或许改变的契机就在这一转念之间。

能让产品"卖出去"和"卖上价"的销售秘笈

克林顿首席谈判顾问、《优势谈判》作者
特别奉献给销售和采购人员的谈判圣经

★ 面对"只逛不买"的顾客，如何激发他的购买欲？

★ 面对迟疑不决的买主，如何促使他迅速作出决定？

★ 面对狠砍价格的对手，如何巧妙应对？

★ 面对百般刁难的供应商和渠道商，又该如何招架？

翻开这本国际谈判大师罗杰·道森的经典之作，你很快就会知晓答案。在书中，罗杰·道森针对销售谈判中涉及的各种问题，提出了24种绝对成交策略、6种识破对方谈判诈术的技巧、3步骤摆平愤怒买家的方法、2种判断客户性格的标准等一系列被证实相当有效的实用性建议。书中生动、真实的案例俯拾即是，不论你是营销大师，还是推销新卒；不论你是企业高管，还是商界菜鸟，本书都值得你一读，它不仅教会你如何通过谈判把产品"卖出去"，还可以让你的产品"卖上价"，进而大幅提高销售业绩和企业利润。

〔美〕罗杰·道森 著

刘祥亚 译

重庆出版社
定　价：38.00元

《优势谈判》的姊妹篇《绝对成交》
赚了对方的钱，还能让对方有赢的感觉

道森是全美最权威的商业谈判教练，他在商务谈判领域罕逢对手，他关于商务谈判方面的理论已成定律，而他所著的《优势谈判》与《绝对成交》更是值得细品的经典之作。

——《福布斯》

罗杰·道森是我合作过的最有才华的伙伴，睿智、机敏、精力充沛……他的那些中肯建议，对我来说，是不可或缺的精神力量。不可否认，在谈判方面他总是镇定自如，与对手交锋时总是有条不紊，冷静，适可而止，连对手也敬佩他的智慧！

——比尔·克林顿

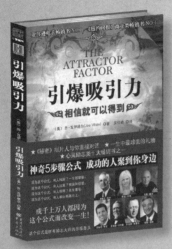

短信查询正版图书及中奖办法

A. **手机短信查询方法（移动收费0.2元/次，联通收费0.3元/次）**
   1. 手机界面，编辑短信息；
   2. 揭开防伪标签，露出标签下20位密码，输入标识物上的20位密码，确认发送；
   3. 输入防伪短信息接人号（或：发送至）958879(8)08，得到版权信息。

B. **互联网查询方法**
   1. 揭开防伪标签，露出标签下20位密码；
   2. 登录www.Nb315.com；
   3. 进入"查询服务""防伪标查询"；
   4. 输入20位密码，得到版权信息。

中奖者请将20位密码以及中奖人姓名、身份证号码、电话、收件人地址、邮编、E-mail至：my007@126.com，或传真至0755-25970309

一等奖：168.00人民币现金；
二等奖：图书一册；
三等奖：本公司图书6折优惠邮购资格。
再次谢谢您惠顾本公司产品。本活动解释权归本公司所有。

读者服务信箱

感谢的话

谢谢您购买本书！顺便提醒您如何使用ihappy书系：
- ◆ 全书先看一遍，对全书的内容留下概念。
- ◆ 再看第二遍，用寻宝的方式，选择您关心的章节仔细地阅读，将"法宝"谨记于心。
- ◆ 将书中的方法与您现有的工作、生活作比较，再融合您的经验，理出您最适用的方法。
- ◆ 新方法的导入使用要有决心，事前做好计划及准备。
- ◆ 经常查阅本书，并与您的生活工作相结合，自然有机会成为一个"成功者"。

优惠订购						
	订 阅 人		部 门		单位名称	
	地 址					
	电 话			传 真		
	电子邮箱		公司网址		邮 编	
	订购书目					
	付款方式	邮局汇款	中资海派商务管理（深圳）有限公司 中国深圳银湖路中国脑库A栋四楼　　邮编：518029			
		银行电汇或转账	户　名：中资海派商务管理（深圳）有限公司 开户行：招行深圳市银湖支行 账　号：5781 4257 1000 1 交行太平洋卡户名：桂林　　卡号：6014 2836 3110 4770 8			
		附注	1. 请将订阅单连同汇款单影印件传真或邮寄，以凭办理。 2. 订阅单请用正楷填写清楚，以便以最快方式送达。 3. 咨询热线：0755-25970306转158、168　　传　真：0755-25970309 E-mail：my007@126.com			

→利用本订购单订购一律享受9折特价优惠。

→团购30本以上8.5折优惠。